Julia Fröbel

Thrombozytenfunktion bei Myelodysplastischen Syndromen

Julia Fröbel

Thrombozytenfunktion bei Myelodysplastischen Syndromen

Proteomanalytische Charakterisierung und funktionelle Analysen

Südwestdeutscher Verlag für Hochschulschriften

Impressum / Imprint
Bibliografische Information der Deutschen Nationalbibliothek: Die Deutsche Nationalbibliothek verzeichnet diese Publikation in der Deutschen Nationalbibliografie; detaillierte bibliografische Daten sind im Internet über http://dnb.d-nb.de abrufbar.
Alle in diesem Buch genannten Marken und Produktnamen unterliegen warenzeichen-, marken- oder patentrechtlichem Schutz bzw. sind Warenzeichen oder eingetragene Warenzeichen der jeweiligen Inhaber. Die Wiedergabe von Marken, Produktnamen, Gebrauchsnamen, Handelsnamen, Warenbezeichnungen u.s.w. in diesem Werk berechtigt auch ohne besondere Kennzeichnung nicht zu der Annahme, dass solche Namen im Sinne der Warenzeichen- und Markenschutzgesetzgebung als frei zu betrachten wären und daher von jedermann benutzt werden dürften.

Bibliographic information published by the Deutsche Nationalbibliothek: The Deutsche Nationalbibliothek lists this publication in the Deutsche Nationalbibliografie; detailed bibliographic data are available in the Internet at http://dnb.d-nb.de.
Any brand names and product names mentioned in this book are subject to trademark, brand or patent protection and are trademarks or registered trademarks of their respective holders. The use of brand names, product names, common names, trade names, product descriptions etc. even without a particular marking in this works is in no way to be construed to mean that such names may be regarded as unrestricted in respect of trademark and brand protection legislation and could thus be used by anyone.

Coverbild / Cover image: www.ingimage.com

Verlag / Publisher:
Südwestdeutscher Verlag für Hochschulschriften
ist ein Imprint der / is a trademark of
AV Akademikerverlag GmbH & Co. KG
Heinrich-Böcking-Str. 6-8, 66121 Saarbrücken, Deutschland / Germany
Email: info@svh-verlag.de

Herstellung: siehe letzte Seite /
Printed at: see last page
ISBN: 978-3-8381-3710-0

Zugl. / Approved by: Düsseldorf, Heinrich-Heine-Universität, Dissertation, 2012

Copyright © 2013 AV Akademikerverlag GmbH & Co. KG
Alle Rechte vorbehalten. / All rights reserved. Saarbrücken 2013

Inhaltsverzeichnis

1 Theoretischer Hintergrund 1
   1.1 Die Hämatopoiese 1
   1.2 Die Myelodysplastischen Syndrome 3
      1.2.1 Definition 3
      1.2.2 Epidemiologie 4
      1.2.3 Ätiologie 5
      1.2.4 Pathophysiologie 6
      1.2.5 Diagnostik 8
      1.2.6 Klassifikation 10
         1.2.6.1 French-American-British Klassifikation 10
         1.2.6.2 WHO-Klassifikation 12
      1.2.7 Prognose 16
         1.2.7.1 IPSS 16
         1.2.7.2 WPSS 17
      1.2.8 Therapie 19
   1.3 Thrombozyten 21
      1.3.1 Thrombozytopoiese 22
      1.3.2 Morphologie der Thrombozyten 24
      1.3.3 Thrombozytäre Prozesse der Hämostase 26
         1.3.3.1 Adhäsion und Aktivierung der Thrombozyten 27
         1.3.3.2 Aggregation der Thrombozyten 28
      1.3.4 Thrombozytäre Hämostase auf Proteinebene 28
   1.4 Problemstellung und Ziel 30

2 Material und Methoden 33
   2.1 Aufarbeitung von Thrombozyten aus Vollblut 33

- 2.2 Proteinaufarbeitung und -analyse...34
  - 2.2.1 Herstellung von Zelllysaten für die Proteinanalyse......................34
  - 2.2.2 Proteinquantifizierung...35
  - 2.2.3 Gelelektrophoretische Auftrennung der Proteine.........................35
    - 2.2.3.1 1D-Gelelektrophorese..35
    - 2.2.3.2 2D-Gelelektrophorese..38
  - 2.2.4 Auswertung der 2D-DIGE...50
    - 2.2.4.1 Digitalisierung der Gele..50
    - 2.2.4.2 Aufbau der Analyse-Experimente.......................................51
    - 2.2.4.3 Spot-Detektion und -Quantifizierung..................................51
    - 2.2.4.4 Positionelle Korrelation der Proteinspots...........................52
    - 2.2.4.5 Normalisierung der Gele...53
    - 2.2.4.6 Quantitative Analyse der experimentellen Gruppen...........53
  - 2.2.5 Massenspektrometrische Analyse..54
    - 2.2.5.1 Ruthenium-Fluoreszenz-Färbung.......................................55
    - 2.2.5.2 Ausschneiden differentieller Spots....................................56
    - 2.2.5.3 In-Gel-Proteinverdau und Peptidextraktion........................56
    - 2.2.5.4 MALDI-TOF...58
    - 2.2.5.5 Proteinidentifizierung per Datenbankabgleich....................60
  - 2.2.6 Immunologische Analyse per Western Blot................................61
    - 2.2.6.1 Blotting-Verfahren...61
    - 2.2.6.2 Immunologischer Antigen-Nachweis..................................62
    - 2.2.6.3 Detektion mittels NBT/BCIP-Präzipitation..........................63
- 2.3 Molekulare Zellcharakterisierung...64
  - 2.3.1 Thrombozytenaggregometrie..64
  - 2.3.2 Immunphänotypische Analysen..65
    - 2.3.2.1 Markierung der Zellen..65
    - 2.3.2.2 Durchflusszytometrie...66
    - 2.3.2.3 Bestimmung der intrazellulären Kalziumkonzentration......69
    - 2.3.2.4 Förster-Resonanz-Energie-Transfer...................................70

2.3.2.5 Verwendete Antikörper..71
2.3.3 Aktivierungsbedingte Formveränderung von Thrombozyten..........72
2.4 Statistische Auswertung..73

3 Ergebnisse und Diskussion..74

3.1 Patientencharakteristika...74
3.2 Analyse des MDS-Thrombozytenproteoms..................................78
   3.2.1 Auswertung der 2D-DIGE..78
   3.2.2 Identifizierung differentiell exprimierter Proteine.......................81
   3.2.3 Interpretation der MS-Ergebnisse...88
   3.2.4 Immunologische Analyse ausgewählter Proteine........................100
   3.2.5 Diskussion der Proteomics-Daten...101
3.3 Funktionelle Untersuchungen..104
   3.3.1 Thrombozyten-Oberflächenrezeptoranalyse...............................104
   3.3.2 Studien zur Thrombozyten-Aktivierung.....................................110
      3.3.2.1 Kalziumflux...111
      3.3.2.2 Granula-Ausschüttung...114
      3.3.2.3 Protein-Protein-Interaktion..118
      3.3.2.4 Aktivierung des Fibrinogenrezeptors..................................121
   3.3.3 Untersuchung des Spreadingverhaltens....................................127
   3.3.4 Untersuchung der Aggregationsfähigkeit..................................132
3.4 Korrelation mit klinischen Daten..138

4 Fazit...142

5 Ausblick..145

Anhang **147**

Tabellenverzeichnis 147
Abbildungsverzeichnis 148
Literaturverzeichnis 150
Abkürzungsverzeichnis 168

1 Theoretischer Hintergrund

1.1 Die Hämatopoiese

Der Begriff Hämatopoiese stammt aus dem Griechischen als Zusammensetzung der Worte *haimas* (Blut) und *poiesis* (Herstellung) und bedeutet Blutbildung. Die Lebensdauer der reifen Blutzellen variiert zwischen einigen Stunden und mehreren Wochen, daher müssen bei einem Erwachsenen kontinuierlich etwa 2×10^{11} Erythrozyten und 10^{10} Leukozyten pro Tag neu gebildet werden, um eine konstante Anzahl an Zellen im Blut aufrechtzuerhalten[1,2]. Blut ist damit eines der am stärksten regenerativen Organe in adulten Säugetieren.

Die verschiedenen Typen reifer Blutzellen leiten sich von einer kleinen Population multipotenter Stammzellen ab, die während einer kurzen Phase der embryonalen Entwicklung im Dottersack gebildet werden und sich später in der fötalen Leber und im Nabelschnurblut nachweisen lassen[3]. Im adulten Organismus sind diese hämatopoietischen Stammzellen (*hematopoietic stem cell*, HSC) hauptsächlich im Knochenmark (KM) zu finden, dem wichtigsten Ort der adulten Hämatopoiese. Die Stammzellen besitzen die Fähigkeit, sowohl sich selbst zu erneuern und damit ein Leben lang ihre eigene Anzahl konstant zu halten, als auch in alle hämatopoietischen Zelllinien zu differenzieren. Sie finden sich im KM in Nischen zwischen den Knochentrabekeln und sind von Gefäßen umgeben, durch die die reifen Zellen in die Blutzirkulation gelangen.

Während der Differenzierung durchlaufen die hämatopoietischen Stammzellen unterschiedliche Vorläuferstadien (Progenitoren), ausgehend von Zellen mit multiplem Differenzierungspotenzial bis hin zu unipotenten Vorläufern, die sich nur noch in eine Linie entwickeln können[4]. Aus einer Stammzelle gehen nach 20 Teilungsschritten etwa 10^6 reife Blutzellen hervor[3]. Abbildung 1.1

zeigt schematisch die Differenzierung der multipotenten HSC in die verschiedenen reifen Zellen. Zuerst entwickeln sich so genannte Progenitoren multiplen Potentials (MPP), die weiter differenzieren zu oligopotenten Progenitoren der lymphoiden Reihe (*common lymphoid progenitor*, CLP) und der myeloiden Reihe (*common myeloid progenitor*, CMP)[1]. Die CLP bringen durch weitere Differenzierungsschritte die verschiedenen reifen lymphoiden Zellen (T-, B-Lymphozyten und NK-Zellen) hervor. Auf der myeloiden Seite durchläuft die CMP einen weiteren Differenzierungsschritt entweder zu einem Granulozyten-Makrophagen-Vorläufer (granulocyte/macrophage progenitor, GMP) oder zu einem Megakaryozyten-Erythrozyten-Vorläufer (*megakaryocyte/erythrocyte progenitor*, MEP). Aus der GMP entwickeln sich Makrophagen und Granulozyten, aus der MEP entstehen Thrombozyten und Erythrozyten (Abbildung 1.1). Dendritische Zellen werden sowohl von CLP als auch vom CMP hervorgebracht.

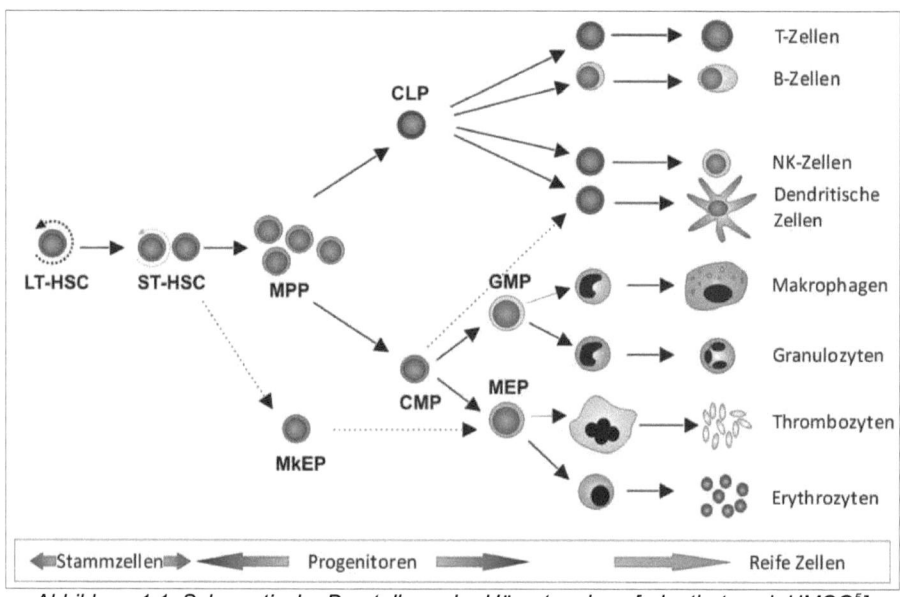

Abbildung 1.1: Schematische Darstellung der Hämatopoiese [adaptiert nach UMCG[5]]

Der Prozess der Differenzierung zu reifen Blutzellen läuft nicht nur kontinuierlich ab, sondern auch extrem schnell, allerdings sind diese Proliferationsraten eher auf Basis der schnellen Amplifikation der Progenitorzellen angesiedelt, während die hämatopoietischen Stammzellen selbst unter physiologischen Bedingungen einen langsamen Zellzyklus haben[6]. Schätzungen belegen, dass im erwachsenen Menschen pro Sekunde etwa $1{,}5\times10^6$ reife Blutzellen gebildet werden[1].

Treten in den hämotopoietischen Stamm- und Progenitorzellen (*stem and progenitor cell*, HSPC) krankhafte Veränderungen des Erbgutes auf, kann sich daraus eine Stammzellerkrankung entwickeln. Solch veränderte Stammzellen haben ähnliche Eigenschaften wie die gesunden HSPC und können zu reifen Blutzellen differenzieren, sie können aber auch einen Differenzierungsdefekt aufweisen und als unreife Progenitorzellen (Blasten) im KM und Blut akkumulieren[7]. Da die krankhaften Blutzellen auf eine veränderte HSPC zurückgehen, bilden sie einen Klon und man spricht von klonalen Erkrankungen. Beispiele für solche klonalen Stammzellerkrankungen sind die Leukämien sowie die Myelodysplastischen Syndrome, mit welchen sich die vorliegende Arbeit beschäftigt.

1.2 Die Myelodysplastischen Syndrome

1.2.1 Definition

Myelodysplastische Syndrome (MDS) sind eine heterogene Gruppe von erworbenen Erkrankungen der hämatopoietischen Stammzellen bei Patienten meist höheren Lebensalters, die durch eine ineffektive Hämatopoiese, ein erhöhtes Risiko eine Akute Myeloische Leukämie (AML) zu entwickeln und in ca. 50% der Fälle durch chromosomale Defekte gekennzeichnet sind[8]. Früher wurden diese Erkrankungen auch als schleichende oder schwelende Leukämie, Präleukämie oder Dysmyelopoietisches Syndrom bezeichnet. Der Begriff Myelodysplastische Syndrome stammt aus dem Griechischen als Zusammensetzung der Worte *myelos* (Knochenmark) und *dys plasein* (schlecht gebildet) und beschreibt die veränderten Vorläuferzellen des Knochenmarks. Er wurde erstmals 1976 von der *French-American-British Cooperative Group* verwendet, welche 6 Jahre später auch die erste Klassifikation (*French-American-British* Klassifikation, FAB) dieser Erkrankungen einführte[9].

1.2.2 Epidemiologie

Myelodysplastische Syndrome können in jedem Alter auftreten, ihre Häufigkeit ist jedoch stark altersabhängig. Das mediane Erkrankungsalter liegt bei 60-70 Jahren, im jüngeren Lebensalter tritt die Erkrankung nur selten auf. Die Inzidenz einer MDS-Diagnose in der Gesamtbevölkerung liegt bei ca. 4-5 Erkrankten / 100.000 Personen / Jahr. Die Häufigkeit steigt jedoch drastisch ab dem 60. Lebensjahr, bei den über 70-Jährigen gehören die Myelodysplastischen Syndrome mit einer Inzidenz von 30,65 / 100.000 Personen / Jahr zu den häufigsten malignen hämatologischen Erkrankungen[10]. Studien des Düsseldorfer MDS-Registers über einen Zeitraum von 1991 bis 2002 ergaben die in Tabelle 1.1 dargestellte Altersverteilung für die Inzidenz von MDS im Stadtgebiet Düsseldorf. Innerhalb der Europäischen Union werden jährlich schätzungsweise 20.000 Patienten mit einem MDS neudiagnostiziert, in den USA mehr als 10.000[11]. Basierend auf der zunehmenden Lebenserwartung der Bevölkerung in den Industrienationen muss davon ausgegangen werden, dass die Zahl derer, die an Myelodysplastischen Syndromen erkranken, weiter zunehmen wird. Für die Häufigkeit von MDS bei Kindern und jungen Erwachsenen spielt das Geschlecht keine Rolle. In der Altersgruppe über 55 Jahre jedoch sind Männer häufiger als Frauen betroffen.

Tabelle 1.1: Inzidenz von MDS im Stadtgebiet von Düsseldorf 1991-2002 [aus [11]]

Alter in Jahren	alle	männlich	weiblich
< 30	0,36	0,50	0,24
30 - 40	0,43	0,34	0,53
40 - 50	1,29	1,20	1,37
50 - 60	2,83	3,49	2,20
60 - 70	8,68	11,41	6,18
70 - 80	24,50	38,81	17,18
80 - 90	31,30	53,58	23,64
> 90	15,90	28,19	13,06
Alle Altersklassen	4,90	5,52	4,36

1.2.3 Ätiologie

Myelodysplastische Syndrome können sich ohne ersichtlichen Grund entwickeln. Weder diagnostische Klassifikationssysteme noch epidemiologische Daten konnten bisher die Frage nach der Ätiologie des MDS beantworten. In über 90% der Fälle kann ein die Krankheit auslösender Stoff nicht gefunden werden[10,12], die Erkrankung gilt bis heute als idiopathisch (unklarer Genese) und wird als primär oder *de novo* MDS bezeichnet. Verschiedene genetische Defekte erhöhen die Wahrscheinlichkeit, insbesondere jüngerer Patienten, an einem MDS zu erkranken. So tritt beispielsweise bei 2-3% der an einem Fanconi-Syndrom Erkrankten sowie bei 1-2% der Patienten mit einer kongenitalen Dyskeratose ein MDS auf[13,14]. Weiterhin wurde bereits Ende der 1980er Jahre über genetische und familiäre Dispositionen für das Auftreten eines MDS bei Erwachsenen berichtet[15]. In ca. 5-10% der Fälle liegt ein sekundäres MDS vor, entstanden durch die Einwirkung von Zellgiften auf die Körperzellen. So können beispielsweise iatrogene (vom Arzt erzeugte) Faktoren wie Bestrahlung, Chemo- oder Radioiodtherapie in der Behandlung anderer Neoplasien ein so genanntes therapie-induziertes MDS auslösen. Auch eine vermehrte Exposition mit organischen Lösemitteln (z.B. Benzol) oder Pestiziden sowie Rauchen und der Gebrauch von Haarfärbemitteln scheinen die Entwicklung eines MDS zu begünstigen[13].

1.2.4 Pathophysiologie

Basierend auf der Hypothese von Nordling und später Knudson, dass der Entstehung von Tumoren eine Mehrschrittpathogenese zu Grunde liegt[16,17], geht man auch bei der Entstehung und dem Verlauf der Myelodysplastischen Syndrome davon aus, dass eine Akkumulation verschiedener Veränderungen Auswirkungen auf Zellzyklus und Transkription von Tumorsuppressoren hat und zur Expansion des MDS-Klons führt[18]. Abbildung 1.2 zeigt schematisch diesen Verlauf. Die Progression zur Leukämie ist dabei wahrscheinlich unabhängig von der Reihenfolge der Alterationen, aber abhängig von den beteiligten Genen. Der genaue Ursprung des MDS-Klons im hämatopoietischen Progenitorkompartiment ist bisher unbekannt. Die neoplastische Schädigung und die maligne Transformation erfolgt wahrscheinlich bereits auf der Ebene einer kommittierten myeloischen Stammzelle[19]. Weitere Schritte, die mit der Pathogenese des MDS verbunden werden, sind eine erhöhte Selbsterneuerungsrate der hämatopoietischen Stammzelle oder die Aneignung einer Selbsterneuerungsfähigkeit auf Progenitorebene, gesteigerte Proliferation des krankheitsauslösenden Klons, beeinträchtigte Differenzierung, genetische und epigenetische Instabilität, anti-apoptotische Mechanismen der krankheitsauslösenden Zellen, eine Umgehung des Immunsystems und die Suppression der normalen Hämatopoiese[20]. Da zunächst die abnormen und normalen Stammzellen gleichzeitig aktiv sind, tragen beide zur Hämatopoiese bei (leichte Reifungsstörungen). Mit Progression der Erkrankung dominiert jedoch der neoplastische Klon, es kommt zu schweren Reifungsstörungen und einem Überschuss an Blasten (unreifen Zellen). Mit der Progression der Erkrankung geht die Zellzyklusregulation weiter verloren, die Apoptose wird herunterreguliert und ist schließlich beim Übergang in eine AML eher vermindert.

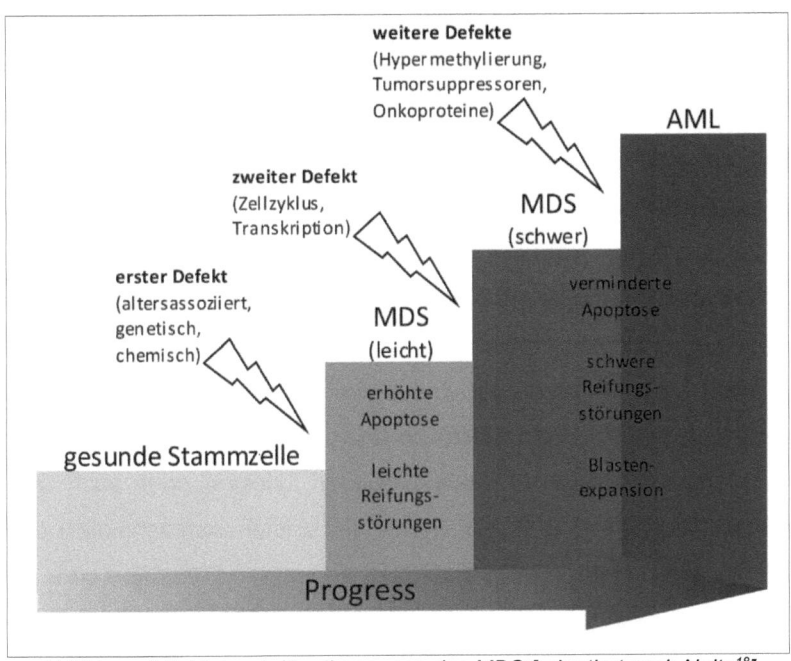

Abbildung 1.2: Mehrschrittpathogenese des MDS [adaptiert nach Nolte[18]]

Die Verdachtsdiagnose MDS wird häufig zufällig bei einem Routinebluttest gestellt. Viele Patienten, bei denen später ein MDS diagnostiziert wird, suchen ihren Arzt ursprünglich auf, weil sie die Symptome einer Anämie (Mangel an Hämoglobin und Erythrozyten) haben, beispielsweise Müdigkeit, Konzentrationsstörungen, Kurzatmigkeit und Blässe. Bei 60% der Patienten lässt sich eine Neutropenie (Mangel an neutrophilen Granulozyten) nachweisen, die zu Infektanfälligkeit und Fieber führt. Ebenso häufig findet man eine Thrombozytopenie (Mangel an Blutplättchen) mit vermehrter Blutungsneigung, die sich als petechiale Haut- und Schleimhautblutungen, Nasen- oder Zahnfleischbluten sowie gastrointestinale und zerebrale Blutungen manifestieren kann[21]. In ca. 20% der Fälle handelt es sich die Diagnose eines MDS um einen reinen Zufallsbefund, die restlichen 80% werden aufgrund der in Folge der Zytopenien entstehenden Symptome diagnostiziert. Die mediane Überlebenszeit nach der Diagnose eines MDS beträgt lediglich 5-50 Monate[22]. Das

Krankheitsbild ist gekennzeichnet durch eine progrediente Zunahme der peripheren Zytopenien durch die Differenzierungsstörung im Knochenmark. In den meisten Fällen verstärkt sich diese im Krankheitsverlauf, die Apoptoserate sinkt und es kommt zusätzlich zur Aktivierung von Onkogenen und/oder zu Chromosomenaberrationen, wodurch eine maligne Transformation mit unkontrollierter Expansion unreifer Zellen ausgelöst wird[3]. Mit fortschreitender Krankheit vermehren sich die Blasten im KM und hindern es daran, genügend rote und weiße Blutkörperchen sowie Blutplättchen zu produzieren - die normale Blutbildung wird verdrängt. Zahlreiche andere Mechanismen, wie Wechselwirkungen zwischen den Blutzellen und der Knochenmarkumgebung, Freisetzung bestimmter wachstumshemmender Zytokine oder auch eine vermehrte Gefäßneubildung im Knochenmark, spielen wahrscheinlich ebenfalls eine Rolle. Meist sterben MDS-Patienten an inneren Blutungen oder an einer Lungenentzündung. In ca. 30% aller MDS-Patienten kommt es zur Progression in eine akute Leukämie[22], die viele Patienten wegen ihres geschwächten Zustandes auch bei sofort eingeleiteter Chemotherapie nicht lange überleben.

1.2.5 Diagnostik

Führende Charakteristika eines MDS sind periphere Zytopenien einer oder mehrerer Zellreihen und Dysplasiezeichen der hämatopoietischen Vorläuferzellen im Knochenmark mit oder ohne Vermehrung von Blasten. Die oben beschriebenen Symptome der MDS sind jedoch nicht spezifisch und können genauso auf andere leichte oder schwere Erkrankungen hindeuten, welche bei der Diagnose ausgeschlossen werden müssen. Eine genaue Diagnose kann nur nach einer morphologischen Untersuchung des Blutes und des Knochenmarks erfolgen. Leitbefunde im Blutbild sind die einzelnen Zytopenien (Anämie, Neutropenie oder Thrombozytopenie) oder, sind alle drei Zellreihen betroffen, die Panzytopenie[3]. Weiterhin spielt die Anfertigung eines Differential-

blutbildes und dessen zytomorphologische Auswertung eine entscheidende Rolle. Dort zeigen sich typischerweise Anisozytose (ungleiche Größe der Erythrozyten), dysplastische Veränderungen der Granulozyten sowie Riesenthrombozyten[23]. Weisen diese Untersuchungen auf eine hämatologische Erkrankung hin, wird dem Patienten eine Knochenmarkprobe aus dem Beckenkamm entnommen. Ausstriche des Punktionsmaterials ergeben bei MDS-Patienten typischerweise eine normale oder erhöhte Zellularität des KM sowie Reifungsstörungen der Zellreihen. Eine defekte Erythropoiese zeigt sich dabei durch Ringsideroblasten, megaloblastäre Transformation oder Kernanomalien[3]. Eine Linksverschiebung der Granulopoiese, mangelnde Granulation, Pseudo-Pelger-Zellen oder hypersegmentierte Neutrophile deuten auf eine Dysgranulopoiese hin[23]. Weiterhin kann eine Dysmegakaryopoiese in Form von Mikromegakaryozyten, mononukleären Megakaryozyten oder Megakaryozyten mit einzeln liegenden Kernsegmenten auftreten[3].
Gelegentlich ist die eindeutige Diagnosestellung eines MDS durch die zytologische Untersuchung nicht möglich. Daher sollte auch eine histologische Untersuchung eines Beckenkammtrepanats durchgeführt werden, um speziell hypoplastische und myelofibrotische MDS-Varianten diagnostizieren zu können[23]. Diese sollten weiterhin durch zytogenetische Analysen ergänzt werden, da bei etwa 50% der MDS-Patienten chromosomale Aberrationen vorliegen[24]. Mittlerweile wurde deutlich, dass die Heterogenität der MDS ebenfalls von deren genetischer Heterogenität abhängt. So wurden beispielsweise in einer multizentrischen zytogenetischen Analyse von 1080 MDS-Patienten mit abnormalem Karyotyp 684 verschiedene chromosomale Anomalien nachgewiesen[24]. Die wesentlichen Anomalien sind dabei ein Verlust der Chromosomen 5, 7 oder Y, ein Verlust des langen Arms der Chromosomen 5 oder 20 und eine Trisomie 8, es treten allerdings auch viele seltene Veränderungen oder Kombinationen mehrerer Anomalien auf[25].

1.2.6 Klassifikation

Aufgrund der großen Heterogenität der Myelodysplastischen Syndrome werden sie abhängig davon, welche Knochenmark- und Blutzellen betroffen sind, in verschiedene Subtypen eingeteilt.

1.2.6.1 French-American-British Klassifikation

Das erste Klassifikationssytem der MDS wurde 1982 von der *French-American-British Cooperative Group* vorgeschlagen und nach ihr benannt: die FAB-Klassifikation[9]. Sie basiert auf zytomorphologischen Kriterien, medullärem und peripherem Blastenanteil, dem Nachweis von Ringsideroblasten und Auer-Stäbchen sowie der Monozytenzahl im Blut, gewährleistete standardisierte Diagnose-Abläufe und wichtige prognostische Informationen und diente fast 20 Jahre lang als Goldstandard in der MDS-Diagnostik[26]. Die FAB-Klassifikation unterteilt die Myelodysplastischen Syndrome entsprechend dieser Kriterien in 5 Subtypen (Tabelle 1.2).

Tabelle 1.2: FAB-Klassifikation der Myelodysplastischen Syndrome [nach Bennett[9]]

Subtyp	Abkürzung	Blastenanteil medullär	Blastenanteil peripher	weitere Merkmale
Refraktäre Anämie	RA	<5%	<1%	<15% Ringsideroblasten im KM
Refraktäre Anämie mit Ringsideroblasten	RARS	<5%	<1%	>15% Ringsideroblasten im KM
Refraktäre Anämie mit Blastenexzess	RAEB	5 - 20%	<5%	
Refraktäre Anämie mit Blastenexzess in Transformation	RAEB-T	20 - 30%	>5%	wenn Auer-Stäbchen vorhanden, auch bei Blastenanteil medullär <20%
Chronische myelomonozytäre Leukämie	CMML	<20%	<5%	>1 x 10^9 Monozyten/L peripheres Blut

Der erste Tabelle 1.2 zu entnehmende Subtyp, welcher durch die FAB-Klassifikation festgelegt wurde, ist die Refraktäre Anämie (RA). Der Begriff „refraktär" bezieht sich dabei auf die mangelnde therapeutische Beeinflussbarkeit der Anämie durch Eisen, Folsäure oder Vitamin B_{12}[3]. Die RA ist gekennzeichnet durch das Hauptsymptom der Anämie sowie eine verminderte Retikulozytenzahl, Blasten finden sich nicht im peripheren Blut oder betragen weniger als 1%. Im normo- oder hyperplastischen Knochenmark überwiegt die dysplastische Erythropoiese und es finden sich weniger als 5% Blasten. Dysplasiezeichen der Granulo- oder Megakaryopoiese können, müssen aber nicht auftreten[27]. Der zweite definierte Subtyp, die Refraktäre Anämie mit Ringsideroblasten (RARS) unterschiedet sich von der RA nur durch das Vorhandensein von mindestens 15% Ringsideroblasten im Knochenmark. Diese Sonderform der erythrozytären Vorstufen enthalten eine ringförmige perinukleäre Anordnung eisenhaltiger Granula. Es handelt sich dabei um ferritinhaltige Mitochondrien. Die beiden Subtypen RA und RARS kennzeichnen frühe Stadien myelodysplastischer Syndrome mit niedrigem Blastenanteil in Blut und Knochenmark. Ihnen wurde verglichen mit den anderen Subtypen eine deutlich höhere mediane Überlebenszeit (32 Monate bei RA, 42 Monate bei RARS) sowie ein geringerer Übergang zur AML (12% bei RA, 8% bei RARS) attestiert[28]. Die Subtypen Refraktäre Anämie mit Blastenexzess (RAEB) und RAEB in Transformation (RAEB-T) dagegen zählen als fortgeschrittene Stadien der MDS. Sie sind durch einen peripheren Blastenanteil bis 5% sowie einen deutlich erhöhten medullären Blastenanteil (bis 20% RAEB, 20-30% RAEB-T) gekennzeichnet. Weiterhin besteht meist eine Zytopenie, welche mehrere Zellreihen betrifft, Ringsideroblasten können vorhanden sein. Bei der RAEB-T können bereits Auer-Stäbchen, ein charakteristisches Merkmal der AML, auftreten[27]. Die fortgeschrittene Erkrankung ist hierbei vor allem durch die deutlich geringere Lebenserwartung (12 Monate bei RAEB, 5 Monate bei RAEB-T) sowie ein stark erhöhtes Risiko zum Übergang in eine AML (44% bei RAEB, 66% bei RAEB-T) gekennzeichnet[28]. Der fünfte und letzte in dieser Klassifikation definierte Subtyp ist die Chronische myelomonozytäre Leukämie (CMML). Dieser Subtyp beschreibt eine RAEB mit vermehrter Monozytenzahl. Die mediane Lebenserwartung bei diesem Subtyp beträgt 20 Monate und etwa 14% der Erkrankten entwickeln ein AML[28]. Der Übergang in eine AML wurde in der FAB-Klassifikation bei Überschreiten des medullären Blastenanteils von 30% festgelegt[28].

1.2.6.2 WHO-Klassifikation

In den Jahren nach 1982 legten zahlreiche Ergebnisse nahe, dass es mehr als die bisher festgelegten MDS-Subtypen gab, welche sich anhand unterschiedlicher morphologischer und genetischer Befunde voneinander abgrenzen lassen. Diese beinhalteten beispielsweise eine Unterteilung der RA und RARS in Untergruppen, welche rein dyserythropoietisch oder multilineär waren, da diese sich hinsichtlich der Prognose signifikant unterschieden[29]. So wurde im Jahre 2000 durch eine Arbeitsgruppe der Weltgesundheitsorganisation (WHO) eine verfeinerte Unterteilung der Myelodysplastischen Syndrome vorgeschlagen. Diese berücksichtigt die mikroskopischen Befunde aus Blut und Knochenmark und die Frage, ob mehr als eine Zellreihe betroffen ist. Ebenso wurden erstmals auch chromosomale Veränderungen aufgenommen[30]. 2007 traf sich die Arbeitsgruppe erneut und es wurden einige Neuerungen beschlossen. Diese überarbeitete Unterteilung ist in Tabelle 1.3 dargestellt.

Tabelle 1.3: WHO-Klassifikation der Myelodysplastischen Syndrome und myelodysplastischen / myeloproliferativen Mischformen [nach Brunning[31]]

Subtyp	Abk.	Merkmale im Blut	Merkmale im Knochenmark	Zytogenetik
5q-Syndrom	del(5q)	Uni- / Bizytopenie, oft Thrombozytose, <1% Blasten	Normale / vermehrte Megakaryozyten, <5% Blasten	isolierte Deletion 5q
Refraktäre Zytopenie mit unilineärer Dysplasie	RCUD	Uni- / Bizytopenie, <1% Blasten	Unilineäre Dysplasie, <5% Blasten	verschieden
a) Refraktäre Anämie	RA	Uni- / Bizytopenie, <1% Blasten	Dyserythropoiese, <5% Blasten	verschieden

Fortsetzung von Tabelle 1.3: WHO-Klassifikation der Myelodysplastischen Syndrome und myelodysplastischen / myeloproliferativen Mischformen [nach Brunning[31]]

Subtyp	Abk.	Merkmale im Blut	Merkmale im Knochenmark	Zytogenetik
b) Refraktäre Thrombozytopenie	RT	Uni- / Bizytopenie, <1% Blasten	Dysmegakaryopoiese, <5% Blasten	verschieden
c) Refraktäre Neutropenie	RN	Uni- / Bizytopenie, <1% Blasten	Dysgranulopoiese, <5% Blasten	verschieden
Refraktäre Anämie mit Ringsideroblasten	RARS	Anämie, keine Blasten	Dyserythropoiese, <5% Blasten, >15% Ringsideroblasten	verschieden
Refraktäre Zytopenie mit multilineären Dysplasien	RCMD	Bi- / Panzytopenie, <1% Blasten	Dysplasien in 2-3 Linien, <5% Blasten	verschieden
Refraktäre Zytopenie mit Ringsideroblasten	RCMD-RS	Bi- / Panzytopenie, <1% Blasten	Dysplasien in 2-3 Linien, <5% Blasten, >15% Ringsideroblasten	verschieden
Refraktäre Anämie mit Blastenexzess I	RAEB I	Uni- bis Panzytopenie, keine Auer-Stäbchen, <5% Blasten	Dysplasien in 1-3 Linien, keine Auer-Stäbchen, 5-9% Blasten	verschieden
Refraktäre Anämie mit Blastenexzess II	RAEB II	Uni- bis Panzytopenie, Auer-Stäbchen ±, 5-19% Blasten	Dysplasien in 1-3 Linien, Auer-Stäbchen ±, 10-19% Blasten	verschieden
Unklassifizierte MDS	MDS-U	Uni- bis Panzytopenie, <1% Blasten	Dysplasien in <10% der Zellen mind. 1 Zellreihe mit typ. genet. Befund, keine Auer-Stäbchen, <5% Blasten	verschieden
Chronische myelomonozytäre Leukämie I	CMML I	Uni- bis Panzytopenie, <5% Blasten, >1x10^9 Monozyten/L	Dysplasien in 1-3 Linien, oder genet. / mol. Klon, <10% Blasten	kein BCR-ABL, kein PDGFRα
Chronische myelomonozytäre Leukämie II	CMML II	Uni- bis Panzytopenie, 5-19% Blasten, >1x10^9 Monozyten/L	Dysplasien in 1-3 Linien, oder genet. / mol. Klon, 10-19% Blasten	kein BCR-ABL1, kein PDGFRα
Refraktäre Anämie mit Ringsideroblasten mit Thrombozytose	RARS-T	Anämie, Thrombozytose, keine Blasten	Dyserythropoiese, <5% Blasten, >15% Ringsideroblasten	meist JAK2-Mutation

Die in Tabelle 1.3 dargestellten Subtypen entsprechend der Vorschläge der WHO-Klassifikation von 2008 unterscheiden sich in erster Linie durch die neuen Kriterien zur Diagnosestellung einer AML von denen der alten FAB-Klassifikation. So ist laut WHO bereits ab einem Blastenanteil von 20% medullär oder peripher eine Leukämie zu diagnostizieren, was gleichbedeutend mit der Abschaffung der alten RAEB-T ist. Ebenso resultiert das Vorhandensein bestimmter genetischer Marker (z.B. t(15;17), t(8;21), inv(16)) in der Diagnose einer AML unabhängig vom medullären Blastenanteil[32]. Eine weitere wichtige Veränderung stellt die Einführung der Subgruppe MDS mit Deletion des langen Arm des Chromosoms 5 dar (MDS del(5q)), welche sich durch einen normalen Blastenanteil, hypolobulierte kleine Megakaryozyten und eine in vielen Fällen vorliegende Thrombozytose hervorhebt.

Eine weitere Neuerung der WHO-Klassifikation ist die Unterscheidung der frühen MDS-Subtypen in Unterformen, die auf der Anzahl der Zellreihen, in welchen der Patient Dysplasiezeichen aufweist, basieren. Somit ergeben sich die neuen Subtypen der Refraktären Zytopenie mit multilineären Dysplasien (RCMD) und der Refraktären Zytopenie mit unilineärer Dysplasie (RCUD), welche wiederum aus den drei Untergruppen Refraktäre Anämie (RA), Refraktäre Thrombozytopenie (RT) und Refraktäre Neutropenie (RN) besteht. Gemeinsam ist diesen drei Entitäten das Vorhandensein einer Uni- oder Bizytopenie mit nur geringer Blastenvermehrung im peripheren Blut in Kombination mit einer unilineären Dysplasie im Knochenmark. Auch die Gruppe der MDS-Patienten mit Ringsideroblasten wird entsprechend des Vorkommens uni- oder multilineärer Dysplasien in die Subtypen RARS und RCMD-RS unterteilt. Da sich Patienten mit einer RCMD und einer RCMD-RS hinsichtlich der Prognose jedoch nicht unterscheiden, werden diese Gruppen in den Neuerungen von 2008 wieder zusammengefasst[31].

Weiterhin wird der FAB-Subtyp RAEB in der neuen Klassifikation in zwei Untergruppen abhängig vom peripheren und medullären Blastenanteil aufgeteilt.

Die neue Entität RAEB I wird durch eine Uni- bis Panzytopenie, Dysplasien in ein bis drei Zellreihen, einen Blastenanteil kleiner 5% im Blut und kleiner 10% im Knochenmark charakterisiert und es dürfen keine Auer-Stäbchen vorhanden sein. Die RAEB II unterscheidet sich davon in einem Blastenanteil von 5-19% peripher und 10-19% medullär sowie dem möglichen Vorkommen von Auer-Stäbchen. Auch diese Unterteilung konnte bereits durch einen signifikanten Unterschied der beiden Entitäten in der medianen Lebenserwartung und dem möglichen Übergang in eine AML bestätigt werden[22].

Ferner veranlassten die myeloproliferativen Charakteristika, wie sie ein Teil der CMML-Patienten aufweisen, die WHO die CMML in eine überlappende myeloproliferative / myelodysplastische Kategorie einzuordnen. Zur Diagnose einer CMML ist außerdem ein vorheriger Ausschluss einer Chronischen Myeloischen Leukämie (CML) erforderlich, welcher über eine zyto- und/oder molekulargenetische Untersuchung des für die CML typischen BCR-ABL stattfindet. Weiterhin wurde die CMML von der WHO entsprechend ihres medullären und peripheren Blastenanteils in zwei Subtypen unterteilt (CMML I <5% Blasten peripher, <10% medullär; CMML II 5-19% Blasten peripher, 10-19% medullär), deren prognostische Relevanz mittlerweile durch Studien belegt werden konnte[33]. Im Bereich dieser myeloproliferativen / myelodysplastischen Mischformen wurde eine weitere Entität namens RARS-T definiert, die als RARS einhergehend mit einer Thrombozytose (>450.000 Thrombozyten/µL) charakterisiert ist und deren proliferative Eigenschaften mittlerweile durch eine JAK2-Mutation auch molekular belegt werden konnten[34,35].

Retrospektive Analysen dieser neuen Klassifikation konnten die WHO-Vorschläge validieren und zeigen, dass die neudefinierten Subtypen sich hinsichtlich ihrer Prognose und dem Risiko eine AML zu entwickeln signifikant unterscheiden[22].

1.2.7 Prognose

Aufgrund der großen Heterogenität in der Gruppe der MDS war die Prognosestellung für einzelne Patienten früher sehr schwierig. Die mediane Überlebenszeit der Erkrankung variiert von wenigen Monaten bis hin zu mehreren Jahren. Ebenso brauchen einige Patienten während dieser Zeitspanne nur minimale unterstützende Behandlung und Beobachtung, andere wiederum bedürfen intensiverer Therapie. Es gibt eine Vielzahl klinischer, laborchemischer, morphologischer und zytogenetischer Parameter, welche die Prognose beeinflussen. Diese beinhalten beispielsweise den Hämoglobin-Wert (Hb), die Thrombozytenzahl, den Blastenanteil in Blut und Knochenmark, das Ausmaß der Dysplasien, aber auch Mutationen, Alter, Geschlecht, Transfusionsbedürftigkeit und Komorbiditäten der Patienten[32].

1.2.7.1 IPSS

1997 trafen sich internationale MDS-Forscher zur Entwicklung eines Instruments zur Abschätzung der Prognose von MDS-Erkrankungen und entwickelten auf Basis mehrerer großer, gut diagnostizierter und über einen langen Zeitraum verfolgter MDS-Patientenkohorten das *International Prognostic Scoring System* (IPSS)[36]. Darin wurden verschiedene Risikofaktoren festgelegt und mit einem entsprechendem Punktesystem bewertet. Als statistisch relevante Risikofaktoren stellten sich der medulläre Blastenanteil und die Anzahl der Zytopenien heraus. Weiterhin wurde ein großer Einfluss der zytogenetischen Parameter sowohl auf die Lebenserwartung als auch auf die Entwicklung einer AML festgestellt[24], so dass drei Risiko-basierte zytogenetische Subgruppen ebenfalls in die Bewertung einbezogen wurden. In die Subgruppe mit „guter" Zytogenetik fallen dabei Patienten mit normalem Karyotyp, mit einer isolierten Deletion del(5q) oder del(20q) und mit einem Verlust des Y-Chromosoms. In die Gruppe mit „schlechter" Zytogenetik gehören Patienten mit Anomalien des Chromosoms 7 sowie mit komplexem Karyotyp (≥3 Anomalien). Alle anderen Aberrationen fallen in die „intermediäre" zytogenetische Gruppe. Daraus ergibt sich ein Punktesystem entsprechend Tabelle 1.4. Die Aufsummierung der Punkte ermöglicht die Zuweisung der Patienten zu einer der vier definierten Risikogruppen, welche zusammen mit Daten zu deren Prognose in Tabelle 1.5 aufgeführt sind.

Tabelle 1.4: Berechnungsgrundlagen des IPSS

Score	0	0,5	1	1,5	2
Medullärer Blastenanteil [%]	0 - 4	5 - 10	-	11 - 20	21 - 29
Anzahl Zytopenien	0 - 1	2 - 3	0	-	-
Zytogenetische Risikogruppe	gut	intermediär	schlecht	-	-

Tabelle 1.5: Risikogruppen nach IPSS [nach Greenberg[36]]

Score	Risikogruppe	Mediane Überlebenszeit	Zeit bis AML
0	Niedrigrisiko (Low)	68 Monate	113 Monate
0,5 - 1	Intermediäres Risiko I (Int-1)	42 Monate	40 Monate
1,5 - 2	Intermediäres Risiko II (Int-2)	14 Monate	13 Monate
≥ 2,5	Hochrisiko (High)	5 Monate	2 Monate

Die Einteilung der MDS-Patienten in diese vier Risikogruppen erwies sich als ein großer Fortschritt gegenüber der FAB-Klassifikation von 1982[37] und erlaubt nicht nur eine Aussage über die Prognose der Patienten, sondern wird auch in klinischen Studien zur Definition homogener Patientengruppen herangezogen[36]. Kurz nach der Veröffentlichung des IPSS jedoch ersetzte die neue WHO-Klassifikation die alte FAB-Klassifikation zur Diagnose von MDS. Zu diesem Zeitpunkt war nicht klar, ob die geänderte Obergrenze des medullären Blastenanteils sowie die nun als Mischformen deklarierten CMML die Anwendbarkeit des IPSS beeinflussen würden. Daher schien eine Überarbeitung des Prognosesystems angebracht.

1.2.7.2 WPSS

2005 veröffentlichten italienische Wissenschaftler erstmals ein Prognosesystem, welche auf den neu definierten WHO-Subtypen basierte. Dieses *WHO-*

associated Prognostic Scoring System (WPSS) konnte 2007 in Zusammenarbeit mit dem Düsseldorfer MDS-Register bestätigt werden[38]. Der WPSS berücksichtigt neben dem WHO-Subtyp und den bereits bekannten zytogenetischen Risikogruppen ebenfalls den Transfusionsbedarf bei Erstdiagnose und ist besonders geeignet, das Risiko einer Leukämieentwicklung vorherzusagen[21]. Ähnlich wie beim IPSS werden anhand dieser Kriterien Punkte vergeben (Tabelle 1.6), die aufsummiert die verschiedenen Risikogruppen ergeben (Tabelle 1.7).

Tabelle 1.6: Berechnungsgrundlagen des WPSS

Score	0	1	2	3
WHO-Subtyp	RA / RARS / 5q-	RCMD / RCMD-RS	RAEB I	RAEB II
Zytogenetische Risikogruppe	gut	intermediär	schlecht	-
Transfusionsbedarf	nein	ja	-	-

Tabelle 1.7: Risikogruppen nach WPSS [nach Malcovati[38]]

Score	Risikogruppe	Mediane Überlebenszeit	Risiko einer AML-Entwicklung	
			Nach 2 Jahren	Nach 5 Jahren
0	Sehr niedriges Risiko	141 Monate	3%	3%
1	Niedriges Risiko	66 Monate	6%	14%
2	Intermediäres Risiko	48 Monate	21%	33%
3 - 4	Hohes Risiko	26 Monate	38%	54%
5 - 6	Sehr hohes Risiko	9 Monate	80%	84%

Verglichen mit den vier prognostischen Risikogruppen des IPSS, konnten die MDS-Erkrankungen mit Hilfe des WPSS in fünf Gruppen mit signifikanten Unterschieden in medianer Überlebenszeit und AML-Progression klassifiziert werden. Die relevanteste Verbesserung bezogen auf die prognostische Leistungsfähigkeit der beiden Systeme konnte in der Gruppe der MDS-Patienten ohne Blastenexzess gemacht werden. Durch die Aufteilung dieser Patienten in unilineäre und multilineäre Subtypen sowie Einbeziehen der Transfusionsbedürftigkeit können anhand des WPSS genauere Vorhersagen über den Verlauf der Krankheit getroffen werden[38].

Sowohl der IPSS als auch der WPSS ermöglichen die Identifikation von Risikogruppen mit signifikant unterschiedlichen mittleren Überlebenszeiten und kumulativen Risiken für die Entstehung einer AML und können beide auch während des Krankheitsverlaufes herangezogen werden[38]. Während der WPSS für die Erkennung von Patienten mit einem sehr geringen Risiko nützlich ist, gestaltet sich die Identifizierung von Hochrisiko-Patienten mit dem IPSS als einfacher[32].

1.2.8 Therapie

Die Behandlung des MDS hängt von den Symptomen des Patienten, dem Krankheitsstadium, der Risikokategorie, dem Alter und Komorbiditäten ab. Mehrere Behandlungsoptionen stehen zur Verfügung, allerdings ist nicht jede Option für jeden Patienten geeignet[39]. Bei einem kleinen Teil der MDS-Patienten ist aufgrund der geringgradigen Zytopenie eine *watch-and-wait* Strategie ausreichend. Bei dem wesentlichen Teil der Niedrigrisiko-Patienten stellt die Anämie die häufigste Therapieindikation dar, da sie vor allem bei älteren Patienten zu erhöhter Sturzhäufigkeit, verminderter Kognition und Lebensqualität und einem verkürzten Überleben führt[40]. Neben einer möglichst spezifischen Therapie ist die Basis der Behandlung die individuelle symptomorientierte (supportive) Therapie. Diese beinhaltet die bedarfsgerechte Übertragung von Erythrozytenkonzentraten bei anämischen Patienten und Thrombozytenkonzentraten zur Therapie von schweren Blutungen. Bei Patienten mit hohem Transfusionsbedarf für rote Blutkörperchen steigt der Eisengehalt im Körper stark an. Diese Eisenüberladung (Hämochromatose) im Körper führt zu einer Beeinträchtigung vieler Organfunktionen. Patienten mit günstiger Langzeitprognose sollen daher nach Erreichen einer Transfusionsmenge von 25-50 Erythrozytenkonzentraten Medikamente bekommen, die das Eisen binden (Eisenchelatoren) und über die Niere ausscheiden lassen[41].

In den letzten Jahren wurden außerdem verschiedene Wachstumsfaktoren der Blutbildung industriell hergestellt, die durch eine Stimulation gesunder Stammzellen im KM zur Produktion reifer Blutzellen führen. Für den Granulozyten-Kolonien stimulierenden Faktor (G-CSF) existieren bis heute keine Daten, die den Einsatz bei MDS rechtfertigen, als Ausnahmeindikation sind nur wiederholte komplizierte Infektionen bei schwerer Neutropenie akzeptiert[40].

Die Therapie mit dem die Erythropoiese stimulierenden Faktor Erythropoietin (EPO) führt bei 20-25% der behandelten Patienten zu einer Transfusionsunabhängigkeit, vor allem bei Niedrigrisiko-Patienten[42]. Diese Patienten werden mittlerweile im Rahmen von klinischen Studien auch mit thrombopoietischen Wachstumsfaktoren erfolgreich behandelt, ca. 50% der Patienten mit Thrombozytenzahlen unter 50×10^9/L zeigen eine signifikante Verbesserung der Thrombopoiese verbunden mit einer geringeren Inzidenz von Blutungsereignissen[40].

Ein weiterer Behandlungsansatz ist, dass bei einigen MDS-Patienten das Immunsystem die kranken Knochenmarkzellen angreift und dazu beiträgt, dass sie bereits im Knochenmark sterben ohne die Blutbahn zu erreichen. Immunmodulatorische und -suppressive Medikamente sollen dieses Immunsystem besänftigen, damit eine größere Zahl von Knochenmarkzellen überlebt[21]. Etwa 30% der Patienten erreichen damit eine deutliche Blutbildverbesserung und Transfusionsfreiheit[40].

Zurzeit werden auch zwei Gruppen epigenetisch wirksamer Arzneistoffe erforscht: Inhibitoren der Histon-Deacetylase (HDAC) und der DNA-Methyltransferase (DNMT). HDACs, deren Expressionslevel in malignen Zellen stark erhöht ist[43], spielen eine entscheidende Rolle in der Regulation der Transkription, indem sie DNA-Histon-Interaktionen stärken, wodurch im betroffenen Bereich der DNA keine Transkriptionsfaktoren binden können. Die HDAC-Inhibitoren ermöglichen die Reaktivierung der Transkription solch inaktivierter Gene und führen bei 50% der behandelten MDS-Patienten zu einem

Ansprechen der Erythropoiese[40]. In den letzten Jahren wurde in hämatologischen Neoplasien außerdem eine wachsende Zahl von hypermethylierten Genen entdeckt, die eine geschlossene Chromatinstruktur aufweisen, welche ihre Transkription unterbindet[44]. Diese Hypermethylierung wird bei der Behandlung mit demethylierenden Agenzien als Inhibitoren der DNMT umgekehrt und die Transkription dieser Gene reaktiviert[45].

Die Therapieoption einer Niedrigdosis-Chemotherapie führt nur bei einem kleinen Teil der Patienten zur kompletten Remission (15-20%) und ist mit erheblichen Nebenwirkungen verbunden (Letalität 10-25%). Bei fast 90% der Patienten kommt es während der Behandlung zu einer Verstärkung der Panzytopenie, die den Einsatz intensiver supportiver Maßnahmen erforderlich macht[41]. Die intensive Polychemotherapie analog der Behandlung einer AML ist nur innerhalb von Studien für Hochrisiko-Patienten eine Therapieoption[40]. Sie ermöglicht hohe Raten kompletter Remissionen (50-75%), allerdings treten oft nach kurzer Zeit Rückfälle auf[41].

Die allogene Stammzelltransplantation stellt das bisher einzige potentiell kurative Verfahren in der Behandlung der MDS dar. Dabei werden dem Patienten hämatopoietische Stammzellen aus dem KM oder zirkulierenden Blut eines gesunden Spenders oder aus Nabelschnurblut transfundiert. Der Transplantation geht eine relativ kurze Chemotherapie voran, die die Knochenmarkzellen des Patienten vor der Transfusion neuer, gesunder Spenderzellen zerstört. Die Heilungschance liegt abhängig von Patientenalter und MDS-Subtyp bei etwa 40%[41].

1.3 Thrombozyten

Die vorliegende Arbeit beschäftigt sich hauptsächlich mit der hämorrhagischen Diathese bei MDS-Patienten, also der krankhaft gesteigerten Blutungsneigung, welche ein signifikantes klinisches Problem darstellt. Daher wird im folgenden Abschnitt auf die Thrombozyten, die eine zentrale Rolle in der Physiologie der primären Blutstillung (Hämostase) spielen, eingegangen.

1.3.1 Thrombozytopoiese

Wie bereits in Kapitel 1.1 dargestellt, werden alle Blutzellen im Rahmen der Hämatopoiese produziert. Pro Tag werden dabei unter physiologischen Bedingungen etwa 10^{11} Thrombozyten gebildet, dieser Wert kann jedoch bei erhöhtem Bedarf bis zu 20-fach ansteigen[46]. Bei der Bildung der Thrombozyten, der so genannten Thrombozytopoiese, entwickelt sich die multipotente HSC zur CMP und differenziert zur MEP. Die erste morphologisch identifizierbare Vorläuferzelle der reinen Megakaryozytopoiese bildet der daraus differenzierte Promegakaryoblast, aus dem sich Megakaryoblasten entwickeln. In diesem Stadium durchläuft der Megakaryozytenvorläufer verschiedene Reifungsschritte. Dabei wird in einem als Endomitose bezeichneten Prozess die DNA im Zellkern mehrfach verdoppelt, ohne dass sich die Zelle im Anschluss teilt, wodurch polyploide Zellen entstehen[46,47]. Weitere Reifungsschritte wie die starke Vermehrung des Zytoplasmas und die Ausbildung des demarkierenden Membransystems (*demarcation membran system*; DMS)[48] sind in Abbildung 1.3 dargestellt. Zudem wird die Produktion von Mitochondrien, Ribosomen und Granula stark angeregt und Thrombozyten-spezifische Proteine synthetisiert und in sekretorische Granula verpackt oder an der Zelloberfläche lokalisiert[49]. Der reife Megakaryozyt ist damit vollständig für seine Hauptaufgabe, die Produktion der Blutplättchen, ausgestattet. Das finale Stadium der Megakaryozytopoiese bildet die Abschnürung der Thrombozyten, was gleichzeitig den programmierten Zelltod der Megakaryozyten bedeutet[48]. Dazu wird das DMS an die Zellmembran rekrutiert und als Membranreserve zur Bildung langer, verzweigter Pseudopodien eingesetzt, den so genannten *proplatelets*, in welche die gebildeten Organellen und Granula verteilt werden (Abbildung 1.3). Der Prozess der Pseudopodienbildung und -füllung mit Zellbestandteilen

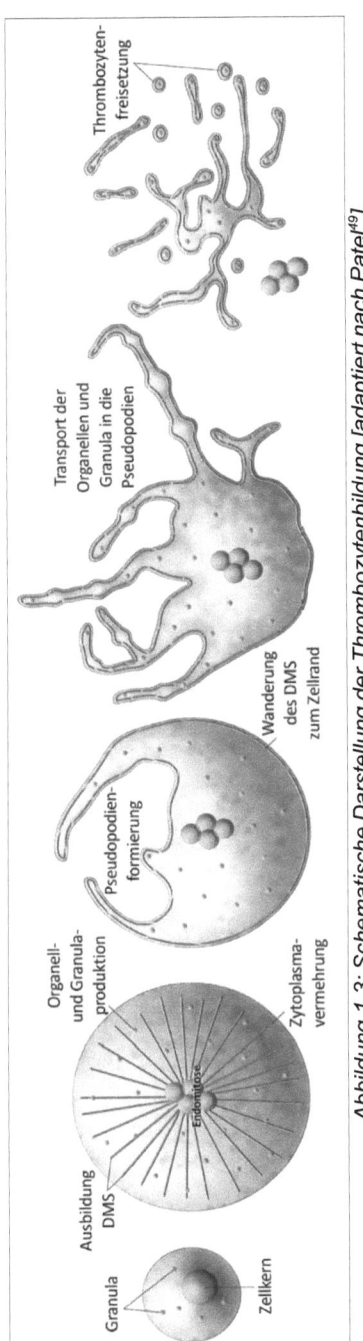

Abbildung 1.3: Schematische Darstellung der Thrombozytenbildung [adaptiert nach Patel[49]]

für die Thrombozyten wird von einem dichten röhrenförmigen System (*dense tubular system*; DTS) gesteuert. Das DTS besteht aus β-Tubulin-Strängen, welche direkt unter der Zellmembran liegen und das Zytoskelett der Pseudopodien bilden. Indem diese Tubulin-Stränge übereinander gleiten, führen sie zum Einen zu einer weiteren Verlängerung der Pseudopodien und transportieren zum Anderen die Granula und Mitochondrien hinein[50].

Während dieser Entwicklung befindet sich der Megakaryozyt in der vaskulären Nische in direkter Umgebung der sinusoidalen Blutgefäße, durch welche die reifen Blutzellen aus dem KM in den peripheren Blutkreislauf abgegeben werden[48]. Der derzeit meist verbreiteten wissenschaftlichen Meinung zufolge dehnt der Megakaryozyt die gebildeten Pseudopodien durch die Endothelzellen des KM in diese Blutgefäße aus, wo die vorherrschenden Scherkräfte die Enden der Pseudopodien abreißen und somit zur Freisetzung der Thrombozyten führen[51]. Es mehren sich allerdings auch Hinweise, die für eine andere Theorie sprechen, bei der die reifen Megakaryozyten selbst in den Blutkreislauf wandern, dort explosionsartig ihre Membran fragmentieren und so die Blutplättchen entlassen[52,53]. Es wird angenommen, dass bei diesem Prozess aus jedem Megakaryozyten zwischen 100 und 3000 Thrombozyten entstehen, bevor das verbleibende Kernmaterial durch Makrophagen-vermittelte Phagozytose abgebaut wird[46,50].

1.3.2 Morphologie der Thrombozyten

Blutplättchen sind mit 2-4 µm Durchmesser, einer Dicke von 0,5-0,75 µm und einem sich daraus ergebenden Mittleren Thrombozyten Volumen (*mean platelet volume*; MPV) von 7-11 fL die kleinsten korpuskulären Blutbestandteile. Die physiologische Thrombozytenzahl des Menschen beträgt 150-400x10^9/L im peripheren Blut[3]. Im Gegensatz zu anderen eukaryotischen Zellen besitzen Blutplättchen keinen Zellkern, man bezeichnet sie als anukleäre Zellen. Ihre durchschnittliche Lebensdauer im Blutkreislauf beträgt ca. 10 Tage mit einer täglichen Erneuerungsrate von ca. 20%[54,55]. Ein Drittel der Plättchen ist in der Milz gespeichert und steht im ständigen Austausch mit dem zirkulierenden Anteil, der Abbau gealterter Thrombozyten erfolgt im retikuloendothelialen System von Leber und Milz[55]. Morphologisch bestehen Thrombozyten aus vier verschiedenen Bereichen, von denen jeder eine spezifische Funktion erfüllt.

Die periphere Zone bildet die Oberfläche des Thrombozyten bestehend aus der Glykokalix, der Plasmamembran und einer submembranösen Schicht direkt darunter. Die Glykokalix ist eine dünne Schicht, die reich an verschiedenen Glykoproteinen, Polysacchariden und adsorbierten Plasmaproteinen ist, extrazellulär auf der Plasmamembran vorliegt und einen Bereich darstellt, in dem Plasmaproteine durch Endozytose in die sekretorischen Granula der Thrombozyten aufgenommen werden[55,56]. Die Plasmamembran besteht wie bei anderen Zellen aus einer Phospholipidschicht, in der Glykoproteine eingebettet sind. Darunter liegt die submembranöse Region, die sich durch Filamente auszeichnet, welche eine enge Verbindung zwischen Zellmembran und Zellinneren herstellen und Signale von der Zelloberfläche ins Zellinnere übersetzen und umgekehrt.

Die strukturelle Zone besteht aus submembranös gelegenen Mikrotubuli umgeben von einem Netzwerk verschiedenster Strukturproteine, die das Zytoskelett bilden und hauptsächlich aus Aktin und Aktin-bindenden Proteinen bestehen. Die Komponenten dieser Zone erhalten die typische diskoide, bikonkave Form der Thrombozyten im ruhenden Zustand und sind an der Formveränderung des aktivierten Blutplättchens beteiligt[55]. Das Aktin-Zytoskelett ist über diverse Proteine wie Talin-1 mit den Glykoproteinen in der Plasmamembran des Thrombozyten verbunden.

Die Zone der Organellen befindet sich im Zytoplasma und besteht aus Mitochondrien und thrombozytären Speichergranula. Letztere lassen sich in dichte Granula, α-Granula und Lysosomen unterteilen, welche als Speicherorte für Proteine und andere Substanzen, die essentiell für die Thrombozytenfunktion sind, dienen. Die dichten Granula enthalten niedermolekulare Substanzen, wie ADP, ATP, Ca^{2+} und Serotonin, die den Aggregationsprozess fördern[55]. In den α-Granula befinden sich Adhäsionsrezeptoren, Zytokine und Gerinnungsfaktoren, welche an verschiedensten Funktionen der Blutplättchen beteiligt sind[3]. Die lysosomalen Granula speichern hydrolytische Enzyme und ähneln den Lysosomen anderer Zellen. Bei Aktivierung der Thrombozyten fusionieren die Granula mit der Zellmembran und sekretieren ihre Inhaltsstoffe ins Plasma.

Der vierte morphologische Bereich ist das Membransystem. Es besteht aus dem offenen kanalikulären System (*surface connected, open canalicular system*; OCS) und dem dichten tubulären System (*dense tubular system*; DTS)[57]. Das OCS besteht aus weit ins Zellinnere reichenden Tunneln der Zellwand, die miteinander verbunden ein Kanalnetzwerk bilden und die Oberfläche des Thrombozyten stark vergrößern[58]. Über Poren in der Zellwand der eingestülpten Kanäle ist eine Verbindung zum extrazellulären Raum hergestellt, über die Stoffe aus dem Plasma ins Zellinnere oder aus den Zellorganellen nach außen gelangen können. Das OCS dient dem Thrombozyten sowohl als Membranreservoir zur Filopodienbildung und Formveränderung der Blutplättchen nach der Aktivierung als auch als Speicherort für weitere Glykoproteine, die nach der Aktivierung an die Zelloberfläche transportiert werden. Das DTS ist ein Abkömmling des rauhen endoplasmatischen Retikulums der Megakaryozyten und Hauptspeicherort für freies Ca^{2+}, welches eine zentrale Rolle in der Regulation des Thrombozytenmetabolismus und der Aktivierung spielt[55].

1.3.3 Thrombozytäre Prozesse der Hämostase

An der Hämostase sind Gefäßendothel, Thrombozyten und plasmatische Gerinnungsfaktoren beteiligt. Normalerweise bildet das Gefäßendothel eine physiologische Barriere zwischen den Hämostasefaktoren im Blut und den subendothelialen Strukturen der Gefäßwand. Da sich auf der Endothelzellmembran keine Thrombozytenrezeptoren befinden, werden die Blutplättchen bei der Passage durch intakte Gefäße nicht aktiviert. Wird ein Blutgefäß verletzt, treten die Thrombozyten und Gerinnungsfaktoren mit subendothelialen Strukturen in Kontakt und das hämostatische System wird aktiviert, wodurch die Blutung nach wenigen Minuten zum Stillstand kommt. Dies beruht auf einer raschen Thrombozytenadhäsion und -aktivierung mit nachfolgender Aggregation an der Verletzungsstelle. In der Regel ist dieser Aktivierungs- und Aggregationsprozess sehr organisiert, um absolute Effizienz und Funktionalität zu garantieren. Der Ablauf auf Zell-Ebene ist in Abbildung 1.4 im Längsschnitt durch ein Gefäß dargestellt. Agonisten, die an der Gefäßläsion freigesetzt werden (I.), ziehen Blutplättchen an (II.) und initiieren deren Adhäsion an diese Stelle und Aktivierung (III.), was zur Rekrutierung weiterer Thrombozyten (IV.) führt. Die aktivierten Plättchen beginnen zu aggregieren und ihre Form zu verändern (V.) und verschließen letztlich die vaskuläre Verletzung[59].

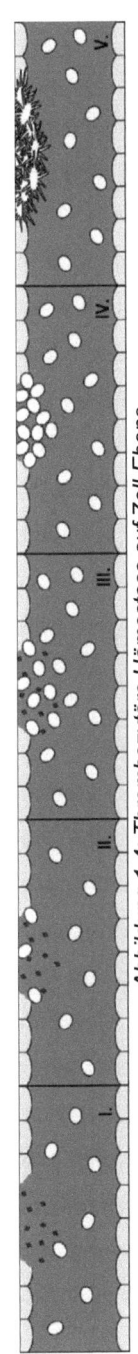

Abbildung 1.4: Thrombozytäre Hämostase auf Zell-Ebene

1.3.3.1 Adhäsion und Aktivierung der Thrombozyten

Bereits kurze Zeit nach einer Gefäßläsion adhärieren ruhende Thrombozyten mittels Membranglykoproteinrezeptoren an der Verletzungsstelle. Der Glykoproteinkomplex GPIb-V-IX ist der wichtigste Adhäsionsrezeptor der Thrombozyten für den von-Willebrand-Faktor (vWF), der zuerst an das Subendothel bindet und als Verbindung zum Thrombozyten dient. Über die Interaktion der Blutplättchen mit kollagenimmobilisiertem vWF wird der erste Kontakt zwischen zirkulierenden Thrombozyten und der Gefäßläsion hergestellt[55]. Diese Interaktion ist das Ergebnis des Rollens der Plättchen entlang der freigelegten subendothelialen Matrix, sie ist relativ instabil und reversibel[60,61]. Die Thrombozyten erfahren durch diese Bindung eine signifikante Verlangsamung, die es dem Kollagen-Rezeptor GPVI ermöglicht seinen Liganden zu binden und zur Aktivierung weiterer thrombozytärer Integrine wie GPIa/IIa und GPIIb/IIIa führt[61,62]. Das aktivierte GPIa/IIa ermöglicht nun die irreversible Bindung der Thrombozyten an das subendotheliale Kollagen der Gefäßläsion. Während der Adhäsion beginnt der Thrombozyt über Degranulation gespeicherte Substanzen an seine Umgebung abzugeben, um weitere zirkulierende Thrombozyten zu rekrutieren und aktivieren. Diese Sekretion der Granula ist abhängig von der intrazellulären Ca^{2+}-Konzentration, verstärkt den Aktivierungsprozess und leitet die sekundäre irreversible Phase der Aggregation ein[55].

1.3.3.2 Aggregation der Thrombozyten

Unter Thrombozytenaggregation versteht man das Zusammenlagern der aktivierten Thrombozyten. Sie wird durch den aktivierten Fibrinogenrezeptor (GPIIb/IIIa) der Thrombozyten ermöglicht. Ist durch die Aktivierung der Thrombozyten das GPIIb/IIIa aktiviert worden, sind die Blutplättchen in der Lage über das Plasmaprotein Fibrinogen Brücken untereinander auszubilden. Diese locker miteinander verbundenen Thrombozytenaggregate durchlaufen mittels Kontraktionen ihres Zytoskeletts eine Formveränderung. Sie bilden Pseudopodien aus, vergrößern ihre Oberfläche, verkleben untereinander und bilden einen instabilen Thrombozytenpfropf an der Verletzungsstelle[3]. Diese Aggregation ist zunächst reversibel und wird erst stabilisiert, wenn Mediatoren, die von den aktivierten Thrombozyten freigesetzt werden, die Gerinnungskaskade aktivieren, an deren Endpunkt die Umwandlung von Fibrinogen zu unlöslichem Fibrin steht. Das entstehende Thrombozyten-Fibrin-Gerinnsel bildet einen stabilen, fixierten Thrombus[3].

1.3.4 Thrombozytäre Hämostase auf Proteinebene

Die oben beschriebenen blutungsstillenden Prozesse der Thrombozytenadhäsion, -aktivierung und -aggregation bedingen nicht nur Reize, die von außerhalb auf die Blutplättchen einwirken, sondern ebenso eine Vielzahl geregelter Abläufe im Thrombozyt selbst. Diese Prozesse auf Proteinebene innerhalb des Blutplättchens zeigt Abbildung 1.5. Nachdem sich die vaskuläre Verletzung ereignet hat und sich das subendotheliale Kollagen dem Blutstrom präsentiert, wird es vom Plasmaprotein vWF gebunden. An den aktivierten vWF werden zirkulierende, ruhende Thrombozyten über GPIb-V-IX gebunden. Der somit verlangsamte Thrombozyt bindet nun mittels GPVI direkt an Kollagen. Im Inneren des Plättchens wird durch diese beiden Bindungen einerseits das Protein Filamin-A an den aktivierten Rezeptor gebunden und andererseits G-Protein-vermittelt durch die kleine GTPase Rap1 das im Zyto-

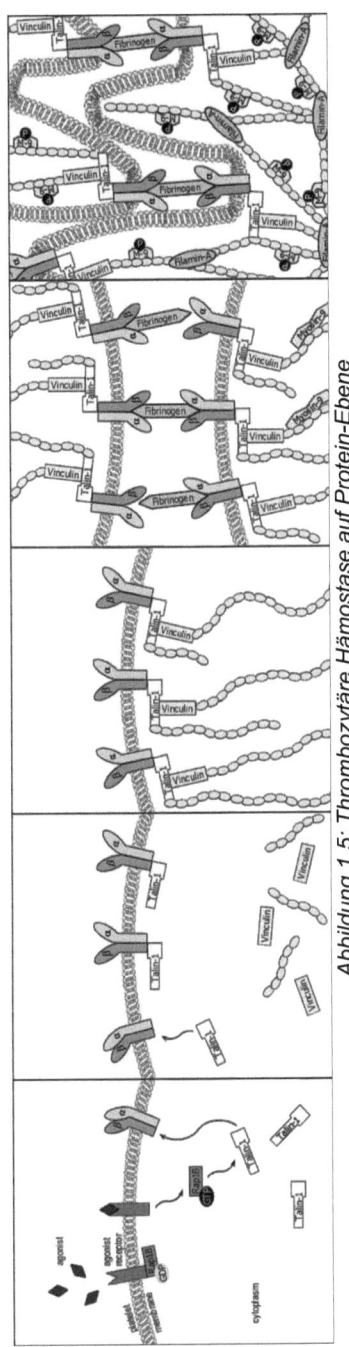

Abbildung 1.5: Thrombozytäre Hämostase auf Protein-Ebene

sol vorliegende Protein Talin-1 zur Zellmembran rekrutiert, um dort an das Integrin β_3 zu binden[63]. Das Integrin β_3 bildet zusammen mit dem Integrin α_{IIb} den Fibrinogenrezeptor des Blutplättchens, welcher mit etwa 50.000 Kopien auf ruhenden Thrombozyten den häufigsten thrombozytären Rezeptor darstellt[64], dessen Oberflächendichte auf aktivierten Blutplättchen durch Exozytose der α-Granula noch erhöht wird[55,64]. Im ruhenden Zustand ist der Fibrinogenrezeptor nicht in der Lage seine extrazellulären Liganden (Fibrinogen, Fibronectin, etc.) zu binden[64-66]. Erst die Bindung von Talin-1 an das zytosolische Ende des Integrins β_3 bewirkt durch Aufbrechen einer Salzbrücke zwischen den Integrinen eine Konformationsänderung des Rezeptors aus seinem ruhenden Zustand in eine aktive Konformation[65,67]. Dadurch ist der Rezeptor in der Lage seine extrazellulären Liganden zu binden und die Information über die Aktivierung des Thrombozyten nach außen weiterzugeben (*inside-out-signaling*)[63-67]. Die Kolokalisation und Bindung von Talin-1 an das zytosolische Ende des Integrins β_3 stellt dabei den finalen Schritt zur Aktivierung der Thrombozyten dar[66-71]. Gleichzeitig führt die Aktivierung des Thrombozyten zur Bildung von Signalfaktoren, die eine Reihe intrazellulärer Veränderungen induzieren, z.B. dem Anstieg der intrazellulären Ca^{2+}-Konzentration[55]. Im nächsten Schritt werden die aktivierten Integrinrezeptoren mit Hilfe von Linkerproteinen wie Talin-1, Filamin-A, α-Aktinin und Vinculin mit den Aktinfilamenten des Zytoskeletts verbunden[66] und der Umbau des Zytoskeletts initiiert[72]. Entsprechend des aktivierten Fibrinogenrezeptors ist der Thrombozyt in der Lage Fibrinogen zu binden und mit anderen Blutplättchen zu aggregieren[64]. Die Fibrinogenbindung löst das *outside-in-signaling* des Thrombozyten aus, welches das Signal der Vernetzung mit anderen Thrombozyten durch die Integrine wieder ins Zellinnere transportiert, indem es die am zytosolischen Ende des Integrin β$_3$ gebundene Tyrosinkinase Src phosphoryliert[73,74]. Die ausgelöste Signalkaskade führt zur Phosphorylierung der an Aktinfilamenten gebundenen regulatorische Leichtkette der Myosin-Proteine (*myosin regulatory light chain*; MRLC)[75] und zum weiteren Anstieg der intrazellulären Ca^{2+}-Konzentration. Übersteigt diese einen bestimmten Schwellenwert, werden mittels der Phosphorylierung der MRLC Kontraktionen des Zytoskeletts ausgelöst, ähnlich denen in glatten Muskelzellen[55,72,75,76]. Diese Kontraktionen resultieren zusammen mit dem Umbau des Zytoskeletts in einer Formveränderung des Plättchens unter Zunahme der Thrombozytenoberfläche durch das OCS. Das Blutplättchen verliert seine ursprünglich diskoide, bikonkave Form und bildet Filopodien mehrerer Mikrometer Länge aus, mit deren Hilfe es sich mit anderen Thrombozyten verzahnt. Durch Füllen der Zwischenräume der Filopodien entstehen Lamellopodien und der Thrombozyt erreicht seine aktivierte, so genannte „Spiegelei-Form"[77].

1.4 Problemstellung und Ziel

Die meisten Patienten mit Myelodysplastischen Syndromen weisen trotz eines hyperzellulären Knochenmarks periphere Zytopenien einer oder mehrerer Zelllinien auf. Die einer ineffektiven Thrombozytenproduktion aus dysplastischen Megakaryozyten zuschreibbare Thrombozytopenie (<100x10^9/L) sowie thrombozytäre Dysfunktionen treten dabei in 40-65% der MDS-Patienten auf[78]. Eine retrospektive Studie des Düsseldorfer MDS-Registers aus dem Jahre 2009 konnte diese Daten bestätigen, darin wiesen 41% der MDS-Patienten eine Thrombozytopenie bereits bei der Erstdiagnose auf und insgesamt 66% der Patienten entwickelten eine Thrombozytopenie im Verlauf der Erkrankung[79]. Weiterhin konnte in dieser Studie das Auftreten der Thrombozytopenie mit einem eher fortgeschrittenen WHO-Subtyp sowie einer ungünstigeren Prognose entsprechend des IPSS korreliert werden.

Bereits seit den 1980er Jahren ist bekannt, dass sowohl die Thrombozytopenie als auch abnormale Thrombozytenmorphologie und -funktion (z.B. Aggregationsstörungen) klinische Konsequenzen für MDS-Patienten haben[80-83]. Diese reichen von milden Blutungszeichen wie Petechien, die in 18% der Erkrankten bereits zum Zeitpunkt der Diagnose auftreten, bis hin zu gastrointestinalen Blutungen, die bei 16% der Patienten im Verlauf der Krankheit entstehen[79]. Weiterhin sind hämorrhagische Komplikationen mit 14-16% nach Infektionen (32%) und leukämischer Transformation (30%) die dritthäufigste Todesursache bei MDS[84].

Trotz der Korrelation, die in der Düsseldorfer Studie zwischen ungünstiger Prognose und Thrombozytenzahl hergestellt werden konnte, traten Blutungen als Todesursache zu gleichen Teilen in allen IPSS Gruppen auf[79]. Dies bestätigte erneut die bereits seit den 1980er Jahren aufgekommene Hypothese, dass neben der Thrombozytopenie eine Dysfunktion der Blutplättchen bei MDS vorliegt, die sich beispielsweise in Aggregationsstörungen zeigt, deren Pathophysiologie allerdings bis dato nicht geklärt werden konnte[79-83,85-87].

Daher war das Ziel dieser Arbeit eine umfassende Analyse der Thrombozyten von MDS-Patienten im Vergleich zu denen gesunder Spender, um Erkenntnisse über die dem Thrombozytenfunktionsdefekt zugrunde liegenden Mechanismen und beteiligten intrazellulären Signalwege zu erlangen. Aufgrund des sehr niedrigen Nukleinsäuregehalts dieser anukleären Zellen wurde als initiale Screeningmethode eine quantitative Analyse des Thrombozytenproteoms mittels 2D-DIGE und anschließender massenspektrometrischer Identifizierung der Zielproteine gewählt, deren Ergebnisse im Nachhinein anhand funktioneller Studien bestätigt wurden.

2 Material und Methoden

2.1 Aufarbeitung von Thrombozyten aus Vollblut

Zur Isolierung lebender, nicht aktivierter Thrombozyten aus dem peripheren Blut bedarf es spezieller Bedingungen, die verhindern, dass das Blut koaguliert oder die Zellen aktiviert werden. Dazu wird das Blut mit Hilfe des Vaccutainer-Systems (BD Biosciences) bei der Blutabnahme direkt in einer Citrat-Lösung aufgefangen, um der Koagulation vorzubeugen. Weiterhin muss die Blutprobe während der gesamten Zeit bis zur Aufreinigung in Bewegung gehalten werden, um eine Aktivierung der Zellen zu verhindern. Daher sollte die Aufreinigung der Zellen möglichst direkt im Anschluss an die Blutabnahme erfolgen. Die Isolierung der Thrombozyten aus dem Vollblut erfolgt in zwei Schritten. Im ersten Arbeitsschritt werden die Thrombozyten zusammen mit dem Blutplasma von den übrigen Blutzellen getrennt, es entsteht das Thrombozyten-reiche Plasma (*platelet-rich plasma*; PRP). Im zweiten Schritt werden dann die Thrombozyten aus dem Plasma isoliert. Zur Gewinnung des Thrombozyten-reichen Plasmas aus dem Vollblut nutzt man die unterschiedliche Dichte der verschiedenen Blutbestandteile. Dazu werden die Blut gefüllten Vaccutainer direkt nach der Blutabnahme bei Raumtemperatur für 30 min bei $150g$ ohne Bremse zentrifugiert (Hettich Universal 30F, Hettich Zentrifugen). Die schweren Erythrozyten sowie die großen Leukozyten werden dabei pelletiert, während die kleinen, leichten Thrombozyten im Plasma in Lösung bleiben. Direkt im Anschluss an die Zentrifugation wird das PRP mit Hilfe einer Pipette vorsichtig abgenommen und in ein 15 mL-Röhrchen überführt. Zur Abtrennung der Thrombozyten aus dem Plasma muss das PRP bei einer höheren Drehzahl als im vorherigen Schritt zentrifugiert werden, die hoch genug ist um auch Blutplättchen zu pelletieren. Gleichzeitig darf die Zentrifugalkraft aber nicht zu hoch sein, um die Thrombozyten für die anschließenden Versuche in ihrem unaktivierten, ruhenden Zustand zu belassen. Dazu wird das PRP bei RT für 10 min bei 300g zentrifugiert. Für Versuche wie die 2D-Gelelektrophorese, in denen Zelllysate der Thrombozyten zum Einsatz kommen, wird der Überstand quantitativ abgenommen und das Pellet in flüssigem Stickstoff sofort tiefgefroren. Für alle Versuche, in denen mit den lebenden Thrombozyten weitergearbeitet werden soll, wird der Überstand verworfen und das Zellpellet entsprechend der Thrombozytenzahl in einem adäquaten Volumen *Tyrode's modified* HEPES-Puffer (134 mM NaCl; 0,34 mM Na$_2$HPO$_4$; 2,9 mM KCl, 12 mM NaHCO$_3$; 20 mM HEPES; 5 mM Glucose; 0,35% BSA; 1 mM CaCl$_2$) resuspendiert. Die Bestimmung der Thrombozytenzahl im Blut wird im Rahmen von Routineuntersuchungen durch das Zentrallabor des Instituts für Klinische Chemie des Universitätsklinikums Düsseldorf durchgeführt.

2.2 Proteinaufarbeitung und -analyse

2.2.1 Herstellung von Zelllysaten für die Proteinanalyse

Für die Analyse aller in den Zellen enthaltenen Proteine werden Gesamtzelllysate hergestellt. Hierbei ist darauf zu achten, dass die Temperatur der Proben konstant niedrig gehalten wird, um die Wirkung von Proteasen und Phosphatasen zu minimieren. Dazu werden die Zellpellets auf Eis in einem adäquaten Volumen Lysepuffer (7 M Harnstoff, 2 M Thioharnstoff, 25 mM Tris, 4% CHAPS, Protease- und Phosphatase-Inhibitoren) resuspendiert. Mit Hilfe einer Sonotrode (Sonopuls MS72, Bandelin) werden die Proben auf Eis fünfmal für je 10 s einem Ultraschallpuls ausgesetzt (mittlere Leistungsstufe, 70% Puls), um die Zellmembranen aufzubrechen. Anschließend werden die Lysate bei 4°C für 60 min bei 35.000g ultrazentrifugiert (TL-100, Beckman Coulter), um unlösliche Zellbestandteile zu pelletieren. Der Überstand wird in ein neues Gefäß überführt, der Proteingehalt bestimmt (Kapitel 2.2.2) und bis zur weiteren Verwendung bei -80°C gelagert.

2.2.2 Proteinquantifizierung

Der Proteingehalt sämtlicher in der vorliegenden Arbeit verwendeten Proben wird mit Hilfe des *Advanced Protein Assay* (Cytoskeleton) bestimmt. Dieses System ist entwickelt worden, um die Nachteile der traditionellen Proteinbestimmungsmethoden (Lowry, BCA, Bradford) bezüglich Unverträglichkeit mit häufig für die SDS-PAGE verwendeten Pufferzusätzen (Detergenzien, reduzierende Agenzien, Salze) zu überwinden. Weiterhin weist diese Methode nur geringe Variationen bei Messungen verschiedenartiger Proteine auf.

Dazu wird das kommerziell erhältliche 5x Pufferkonzentrat im Verhältnis 1:5 mit destilliertem Wasser verdünnt und anschließend für alle zu messenden Proben je 1,2 mL des 1x Puffers in einem Reaktionsgefäß vorgelegt. Hinzu kommen je 3 µL der jeweiligen Probe bzw. 3 µL Lysepuffer für den Leerwert. Anschließend werden die Gefäße invertiert und für 10 min bei RT inkubiert, währenddessen sich ein blauer Niederschlag bildet. Im darauffolgenden Schritt wird die Flüssigkeit in eine Halbmikroküvette (UVette, Eppendorf) überführt und mit Hilfe eines Photometers (BioPhotometer; Eppendorf) bei einer Wellenlänge von 595 nm gemessen. Mit Hilfe einer zuvor gespeicherten Standardkurve, welche mittels BSA in Lysepuffer aufgenommen wurde, berechnet das Gerät aus der gemessenen OD 595 die in der Probe enthaltene Proteinkonzentration.

2.2.3 Gelelektrophoretische Auftrennung der Proteine

2.2.3.1 1D-Gelelektrophorese

Zur Trennung und Größenbestimmung von Proteinen wird die SDS-Polyacrylamid-Gelelektrophorese (SDS-PAGE) eingesetzt. Dabei wandern die Proteine innerhalb eines elektrischen Feldes durch ein poröses Gel. Durch das anionische Detergenz Natriumlaurylsulfat (SDS) im Probenpuffer werden die Eigenladungen der Proteine effektiv überdeckt, sodass Micellen mit konstanter negativer Ladung pro Masseneinheit entstehen[88]. Das ebenfalls im

Probenpuffer vorhandene β-Mercaptoethanol reduziert weiterhin die in den Proteinen vorhandenen Disulfidbrücken, so dass die elektrophoretische Auftrennung der SDS-beladenen Proteine im porösen Polyacrylamidgel allein auf Basis des Molekulargewichts erfolgt. Für die 1D-Gelelektrophorese wird in dieser Arbeit das Mini Protean II™ System (Bio-Rad) mit einer Trennstrecke von 7,2 cm in Kombination mit einem *Electrophoresis Power Supply* EPS301 (Amersham Biosciences) verwendet.

Herstellung der 1D-Gele

Zur elektrophoretischen Auftrennung von Proteinen werden Gele aus Polyacrylamid (PA) eingesetzt. Polyacrylamid ist ein Polymer von Acrylamid, dessen Polymerisation durch eine Kettenreaktion hervorgerufen wird. Diese Reaktion wird von Ammoniumpersulfat (APS) als Radikal gestartet und von N,N,N',N'-Tetramethylethan-1,2-diamin (TEMED) katalysiert. Dabei entstehen lineare Polyacrylamidketten, welche durch die Zugabe von N,N'-Methylenbisacrylamid quervernetzt werden. Diese PA-Gele besitzen eine Molekularsieb-Wirkung, wodurch vor allem die Teilchengröße der zu trennenden Proteine und weniger deren Ladung ausschlaggebend für ihre Wanderungsgeschwindigkeit ist. Der pH-Wert des eingesetzten Puffers, die Konzentration von Acrylamid und der Gehalt an Bisacrylamid in der Ausgangsmischung bestimmen die Trenneigenschaften des Gels. Die in dieser Arbeit verwendeten PA-Gele werden selbst gegossen und enthalten einen PA-Anteil von 8% im Trenngel (Tabelle 2.1). Das Mischungsverhältnis von Acrylamid und Bisacrylamid beträgt 37,5:1. Direkt nachdem alle Bestandteile zusammen pipettiert sind, wird die Lösung zwischen die Glasplatten der Elektrophorese-Einheit gegossen und das Trenngel mit 100% Ethanol überschichtet, um einen glatten, geraden oberen Rand zu erzeugen. Nach einer Polymerisierungszeit von 20 min wird das Ethanol abgenommen und das Sammelgel auf das Trenngel gegossen (Tabelle 2.1). Zur Erzeugung der Probenapplikationstaschen wird luftblasenfrei ein Gelkamm in das noch flüssige Gel eingesetzt und weitere 20 min Polymerisierungszeit abgewartet. Die fertigen Gele werden in die Gelkammer eingespannt, die innere sowie äußere Kammer mit SDS-Laufpuffer (Tabelle 2.2) aufgefüllt und der Kamm gezogen.

Tabelle 2.1: Zusammensetzung der Gele für die SDS-PAGE

Gel	Zusammensetzung
Trenngel	0,375 M Tris (pH 8,8); 8% PA (37,5:1); 0,1% SDS; 0,1% APS; 0,01% TEMED
Sammelgel	0,125 M Tris (pH 6,8); 5% PA (37,5:1); 0,1% SDS; 0,1% APS; 0,01% TEMED

Probenvorbereitung und -applikation

Die Thrombozytenlysate (Kapitel 2.2.1) werden entsprechend des Prinzips der SDS-PAGE mit einem SDS-haltigen Probenpuffer versetzt (Tabelle 2.2). Um einen zu großen Verdünnungseffekt durch den Probenpuffer zu vermeiden, wird ein 5x Pufferkonzentrat verwendet und je 1 Teil Probenpuffer zu 4 Teilen Lysat pipettiert. Anschließend werden die SDS-beladenen Proben in die Applikationstaschen pipettiert. Ebenso wird der Proteingrößenmarker im Verhältnis 5:1 mit dem 5x Probenpuffer versetzt und in die Taschen appliziert. Der verwendete Größenmarker Spectra™ Multicolor Broad Range Protein Ladder (Fermentas) enthält einen Mix aus 10 rekombinanten prokaryotischen Proteinen bekannten Molekulargewichts zwischen 10 und 260 kDa, welche zur besseren Unterscheidung der einzelnen Banden mit verschiedenen Farbstoffen markiert sind.

Tabelle 2.2: Pufferzusammensetzung für die SDS-PAGE

Gel	Zusammensetzung
SDS-Laufpuffer	25 mM Tris; 192 mM Glycin (pH 8,8); 0,1% SDS
Probenpuffer (5x)	0,1 M Tris (pH 6,8); 20% Glycerol; 8% SDS; 4% β-Mercaptoethanol

Elektrophoretische Auftrennung

Nach Abschluss der Marker- und Probenapplikation wird die Gelkammer verschlossen, mit dem Stromgeber verbunden und der Lauf gestartet. Die Laufbedingungen werden so gewählt, dass die Proteine sehr langsam in das Gel einlaufen. Die Obergrenzen von Spannung und Stromstärke werden auf 15 V bzw. 400 mA festgelegt, wodurch sich eine maximale elektrische Leistung von 3 Watt pro Gel ergibt. Unter diesen Bedingungen dauert es ca. 12 h bis die Front aus Bromphenolblau, welches im Probenpuffer enthalten ist, am unteren Rand des Gels wieder austritt. Zu diesem Zeitpunkt wird der Lauf gestoppt und die Gele zur weiteren Verarbeitung ausgepackt.

2.2.3.2 2D-Gelelektrophorese

Die zweidimensionale Gelelektrophorese (2D-GE) ist ein mehrschrittiges Elektrophoreseverfahren zur Trennung komplexer Proteingemische, welches das Prinzip der isoelektrischen Fokussierung (IEF) mit dem der SDS-PAGE kombiniert. Die beiden elektrophoretischen Trenntechniken werden nacheinander orthogonal zueinander ausgeführt, wodurch eine hochauflösende Trennung der Proteine erreicht wird. Dazu werden die Proteine in der ersten Dimension, der IEF, nach ihrem isoelektrischen Punkt (pI) und in der zweiten Dimension, der SDS-PAGE, nach ihrem Molekulargewicht aufgetrennt. In der vorliegenden Arbeit wird zur Detektion der Proteine das Prinzip der Differentiellen Gelelektrophorese (DIGE) eingesetzt, wobei mehrere mit verschiedenen Farbstoffen markierte Proben auf dem selben Gel aufgetrennt werden.

Fluoreszenzmarkierung von Proteinen für DIGE

Für die 2D-GE wird in der vorliegenden Arbeit die Technik des Gel-Multiplexings eingesetzt. Dabei werden in jedem Gel mehrere vor dem elektrophoretischen Lauf mit verschiedenen Farbstoffen markierte Proben gleichzeitig aufgetrennt. Anschließend werden Einzelbilder der jeweiligen Farben aufgenommen. Somit können mehrere Proben unter exakt gleichen Bedingungen aufgetrennt werden. Dies stellt einen großen Vorteil gegenüber der ursprünglichen 2D-GE dar, da nicht nur Zeit und Material eingespart werden, sondern die parallel aufgetrennten Proben auch exakt kongruente 2D-Spotmuster hervorbringen, was die spätere Analyse der Gele und die Suche nach Unterschieden zwischen den einzelnen Proben stark vereinfacht. Die in dieser Arbeit verwendete Variante des Gel-Multiplexings ist die Differentielle Gelelektrophorese (DIGE). Dabei werden die Proteine der aufzutrennenden Proben vor dem 2D-Lauf mit drei verschiedenen Cyanin-Farbstoffen kovalent verknüpft. In der vorliegenden Arbeit werden die drei *CyDye^{TM} DIGE Fluor Minimal Dyes* Cy2, Cy3 und Cy5 (GE Healthcare) verwendet. Diese besitzen eine NHS-Ester-Gruppe, welche mit der ε-Aminogruppe von Lysin reagiert. Durch diese kovalente Bindung verliert das Lysin und somit das Protein eine positive Ladung. Um einer daraus resultierenden Verschiebung des isoelektrischen Punktes des markierten Proteins entgegenzuwirken besitzen die *CyDyes^{TM}* je eine positive Ladung (Abbildung 2.1). Somit laufen markiertes wie nicht-markiertes Protein an die selbe Stelle im Gel[89].

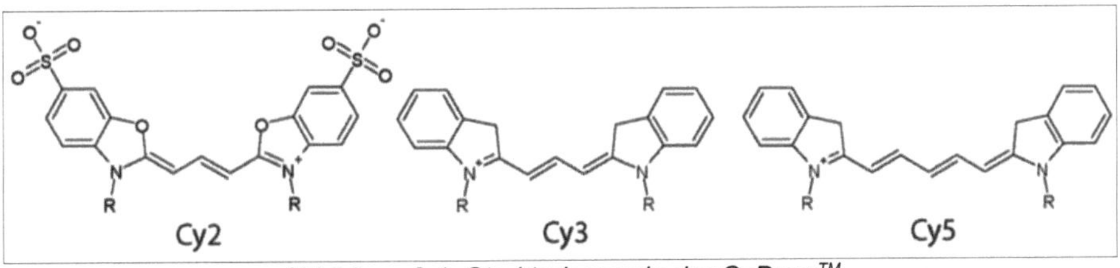

Abbildung 2.1: Strukturisomerie der CyDyes^{TM}

Da Proteine in der Regel mehr als ein Lysin enthalten, würde eine vollständige Reaktion mit den Farbstoffen zu extrem hydrophoben Proteinen führen. Dementsprechend wird der jeweilige Farbstoff in einem genau definierten Verhältnis zur Proteinmenge eingesetzt (*minimal labelling*), wodurch statistisch gesehen nur ein Lysin pro Protein reagiert. Bei dieser Methode werden ca. 1-2% jeder Proteinspezies fluoreszenzmarkiert, was aufgrund der hohen

Helligkeit und Sensitivität der Farbstoffe jedoch keine Auswirkungen auf die Detektion hat. Weiterer Vorteil dieser Markierungsmethode ist, dass die verbliebene Menge nicht-markiertes Protein in einer anschließenden massenspektrometrischen Analyse einfacher zu identifizieren ist[88]. Des Weiteren besitzen die drei Farbstoffe deutlich voneinander abgrenzbare Fluoreszenz-Spektren (Abbildung 2.2), wodurch Proben, die mit den verschiedenen CyDyes™ markiert und anschließend vereinigt werden, durch Anregung mit Lasern verschiedener Wellenlänge auch auf einem Gel getrennt voneinander detektiert werden können.

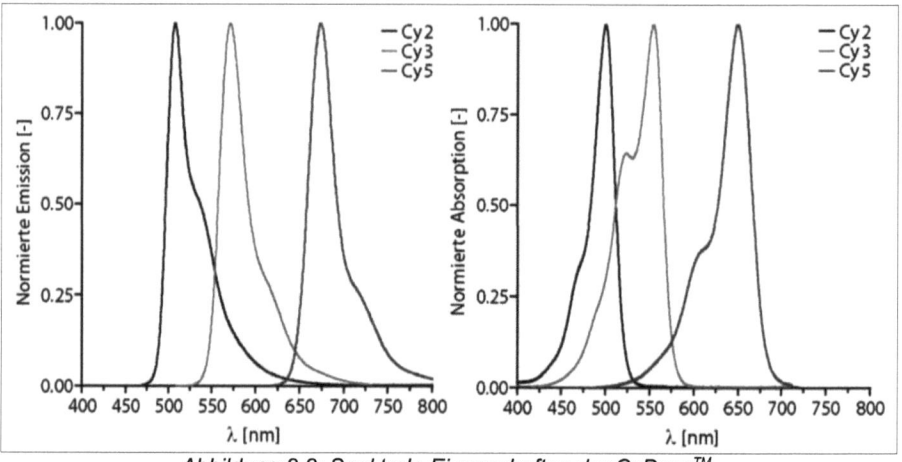

Abbildung 2.2: Spektrale Eigenschaften der CyDyes™

Übersteigt die Anzahl der verschiedenen Proben in einem Experiment die Anzahl der Fluoreszenzfarbstoffe, müssen trotzdem mehrere 2D-Gele genutzt werden, wodurch sich die selbe Problematik der Gel-zu-Gel-Variationen wie bei der traditionellen 2D-GE ergibt. Die Technik des Gel-Multiplexings löst dieses Problem durch die Einführung eines Internen Standards (IS), der auf jedem Gelen mitgeführt wird. Dieser IS besteht zu gleichen Teilen aus allen zum Experiment gehörenden Proben und wird vor Beginn der elektrophoretischen Auftrennung mit dem Fluoreszenzfarbstoff Cy2 markiert[90]. Die verbleibenden Farbstoffe Cy3 und Cy5 werden genutzt, um die Einzelproben zu markieren. Somit können bei dieser Variante des Mulitplexings zusammen mit dem Internen Standard pro Gel zwei verschieden markierte Proben aufgetrennt werden und im Anschluss daran mit Hilfe des IS eine quantitative Normalisierung über alle Gele durchgeführt werden. Zur Markierung der Proteinproben mit den *CyDye™ DIGE Fluor Minimal Dyes* werden je 400 pmol in Dimethylformamid (DMF) gelöstem Farbstoff pro 50 µg Protein eingesetzt. Zum Ausschluss von Unterschieden, welche durch die Markierung auftreten könnten, wird jede Probe einmal in Cy3 und einmal in Cy5 markiert (*dye-swap*). Dazu werden zunächst zweimal je 50 µg (entsprechend der Proteinquantifizierung, Kapitel 2.2.2) aller 14 Thrombozytenlysate in 1,5 mL-Reaktionsgefäße (Eppendorf) vorgelegt und mit Lysepuffer (Kapitel 2.2.1) auf ein einheitliches Volumen aufgefüllt. Anschließend werden zu einem der beiden Aliquots jeder Probe 400 pmol Cy3 und zu dem anderen Aliquot 400 pmol Cy5 gegeben und für 30 min im Dunkeln auf Eis inkubiert. Zum Abstoppen der Reaktion wird anschließend zu jeder Probe 1 µL einer 10 mM Lysin-Lösung gegeben und für weitere 10 min im Dunkeln auf Eis inkubiert. Zur Herstellung des IS werden je 100 µg aller Proben gepoolt und anschließend in 50 µg-Aliquots aufgeteilt. Diese werden mit je 400 pmol Cy2 markiert und ebenso mit Lysin abgestoppt. Um Unterschiede, welche beim Prozess der Markierung zwischen den verschiedenen IS-Aliquots entstanden sein könnten, zu vermeiden, werden diese anschließend wieder vereint. Dementsprechend erhält man nach der Fluoreszenzmarkierung 50 µg-Aliquots jeder Probe in Cy3 und in Cy5 sowie einen IS aller Thrombozytenlysate in Cy2 markiert.

<u>Erste Dimension – Isoelektrische Fokussierung</u>

Proteine sind Ampholyte, also chemische Verbindungen, die sowohl als Brønsted-Säure als auch als Brønsted-Base vorliegen können[88]. Die amphoteren Eigenschaften der Proteine, d.h. ihr relativer Gehalt an sauren und basischen Aminosäuren (AS), bestimmen die Nettoladung der Proteine im jeweiligen pH-Bereich. Den pH-Wert, an dem sich ein Protein nach außen ladungsneutral verhält (Nettoladung = 0), bezeichnet man als den isoelektrischen Punkt (pI) des Proteins. Er ist abhängig von der Zusammensetzung der AS-Seitenketten, der Zahl und Art posttranslationaler Modifikationen und sterischen Einflüssen[88]. Oberhalb ihres jeweiligen pI sind Proteine negativ, unterhalb davon positiv geladen. Proteine mit mehr positiven als negativen Ladungen besitzen eine positive Nettoladung und migrieren somit in Richtung Kathode. Während dieser Wanderung entlang eines pH-Gradienten verlieren sie zunehmend an positiver Ladung (Abbildung 2.3). Erreichen sie ihren pI, gleichen sich alle positiven und negativen Ladungen aus und die Proteine besitzen netto keinerlei Ladung mehr, die sie in Richtung der Anode oder Kathode wandern lässt. Diffundiert das Protein von diesem pI weg, erhält es sofort wieder eine Ladung, welche es zum pI zurück wandern lässt. Das elektrophoretische Trennverfahren der isoelektrischen Fokussierung (IEF) nutzt diese Eigenschaft der Proteine, um sie im elektrischen Feld durch einen pH-Gradienten wandern zu lassen, bis sie an den pH-Wert gelangen, an dem ihre Nettoladung Null beträgt[88]. Zur Ausbildung des pH-Gradienten innerhalb des PA-Gels können entweder freie Trägerampholyte oder ein zuvor in das Gel eingegossener, immobilisierter pH-Gradient (IPG) verwendet werden. Das heißt, auf der einen Seite des Gels sind der Matrix Acrylamidderivate mit sauren, auf der anderen Seite mit alkalischen funktionellen Gruppen zugesetzt, durch deren Einpolymerisation in die Matrix sich der pH-Gradient nachträglich nicht mehr verändern kann. Die pH-Gradienten von IPG sind stabiler und reproduzierbarer als die freier Trägerampholyte und verringern Gel-zu-Gel-Variationen. Daher wird die IEF in dieser Arbeit mit Hilfe einer MultiPhor II Elektrophorese-Einheit (GE Healthcare) unter Einsatz von IPG-Streifen (*Immobiline^{TM} DryStrips*, 24 cm, pH 4-7 bzw. pH 6-9 linear; GE Healthcare) in den pH-Bereichen 4-7 und 6-9 durchgeführt.

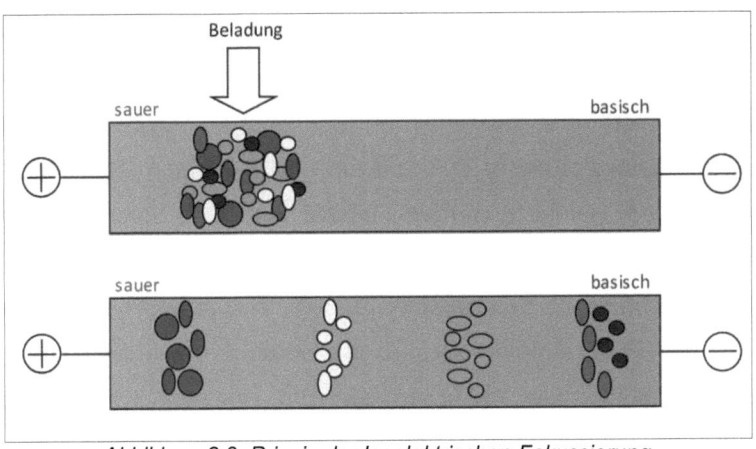

Abbildung 2.3: Prinzip der Isoelektrischen Fokussierung

<u>Rehydratisierung der Gelstreifen</u>

Immobiline™ *DryStrips* werden in dehydratisierter Form auf einem Plastikstreifen geliefert und bedürfen einer Rehydratisierung vor der IEF. Die IPG-Streifen werden entsprechend ihres jeweiligen pH-Gradienten über Nacht (mindestens 10 h) mit der Gelseite nach unten in 450 µL Rehydratisierungspuffer (Tabelle 2.3) eingelegt. Um ein Verdunsten des Puffers und die Austrocknung der Streifen zu verhindern, wird der Aufbau mit 2,5 mL *Immobiline*™ *Dry Strip Cover Fluid* (GE Healthcare) überschichtet.

Tabelle 2.3: Pufferzusammensetzung für die IEF

Puffer	Zusammensetzung
Rehydratisierungspuffer pH 4-7	7 M Harnstoff; 2 M Thioharnstoff; 2% CHAPS; 0,5% DTT; 0,5% IPG-Puffer 4-7 (GE Healthcare)
Rehydratisierungspuffer pH 6-9	7 M Harnstoff; 2 M Thioharnstoff; 10% Isopropanol; 4% CHAPS; 5% Glycerol; 3,5% DTT; 0,5% IPG-Puffer 6-11 (GE Healthcare)
1x Probenpuffer	1% DTT; 1% IPG-Puffer (4-7 oder 6-9) in Lysepuffer
2x Probenpuffer	2% DTT; 2% IPG-Puffer (4-7 oder 6-9) in Lysepuffer

Probenvorbereitung

Die in den drei verschiedenen CyDyes™ markierten Proben werden aufgetaut und so kombiniert, dass jeweils ein 50 µg Aliquot des Cy2 markierten IS sowie je eine Gesundprobe in Cy3 und eine MDS-Probe in Cy5 (oder umgekehrt; dye-swap) gemischt werden (Tabelle 2.4). Das Volumen dieses Gemischs wird mit 1x Probenpuffer (Tabelle 2.3) auf 50 µL aufgefüllt. Anschließend werden 50 µL 2x Probenpuffer (Tabelle 2.3) zugegeben, wodurch der DTT- und IPG-Puffer-Anteil in der aufzutragenden Probe auf je 1% eingestellt und ein Endvolumen von 100 µL erreicht wird. Um proteolytische Effekte zu vermeiden werden die Proben während der gesamten Prozedur auf Eis gelagert.

Tabelle 2.4: Kombination der Thrombozytenlysate für 2D-DIGE

Gel	Cy3	Cy5	Cy2
1	Gesund_02	MDS_03	IS
2	Gesund_03	MDS_08	IS
3	Gesund_05	MDS_06	IS
4	Gesund_06	MDS_05	IS
5	Gesund_07	MDS_01	IS
6	Gesund_08	MDS_04	IS
7	Gesund_09	MDS_07	IS
8	MDS_01	Gesund_07	IS
9	MDS_03	Gesund_02	IS
10	MDS_04	Gesund_08	IS
11	MDS_05	Gesund_06	IS
12	MDS_06	Gesund_05	IS
13	MDS_07	Gesund_09	IS
14	MDS_08	Gesund_03	IS

IEF mittels MultiPhor II Elektrophorese-Einheit

Die IEF wird bei einer konstanten Temperatur von 20°C durchgeführt, welche durch eine in der Elektrophorese-Einheit enthaltene Kühlplatte, die über ein

Wasserbad gekühlt wird, sichergestellt wird. Auf die Kühlplatte werden ca. 10 mL *Cover Fluid* pipettiert, darauf der *Immobiline™ DryStrip Tray* (GE Healthcare) luftblasenfrei aufgesetzt und dessen Elektrodenanschlüsse mit der Elektrophorese-Einheit verbunden. In dieses Gefäß werden ca. 10 mL *Cover Fluid* pipettiert und luftblasenfrei ein *Immobiline™ DryStrip Holder* eingelegt. Anschließend werden die rehydratisierten IPG-Streifen mit der Gelseite nach oben und dem sauren Ende in Richtung der Anode in den Vertiefungen des *Holders* ausgerichtet. Danach werden an beiden Gelenden der IPG-Streifen in destilliertem Wasser getränkte Papierelektrodenstreifen quer über alle Streifen gelegt, welche den Stromübertritt von den Elektroden auf die Gelstreifen sicherstellen. Bei der IEF im pH-Bereich 6-9 wird dem Wasser für den basischen Papierelektrodenstreifen (Anode) zusätzlich 3,5% DTT zugesetzt. Anschließend werden die Elektroden auf die Papierstreifen gesetzt und die Probenapplikation vorbereitet. In der vorliegenden Arbeit wird die so genannte Tassenbeladung verwendet, bei der die Proben in kleinen Plastiktassen auf den Gelstreifen aufgesetzt werden und während des IEF-Laufs durch den Stromfluss in das Gel wandern. Dazu wird der Tassenhalter in der Nähe des sauren Endes der IPG-Streifen angebracht und die Tassen auf die Gelstreifen gesetzt. Es ist darauf zu achten, dass die Tasse dicht mit dem IPG-Streifen abschließt, diesen aber nicht beschädigt. Anschließend werden die Gelstreifen mit *Cover Fluid* überschichtet, um sie während der IEF vor Austrocknung zu schützen. Nach Applikation der vorbereiteten Proben in die Tassen werden diese ebenfalls mit 20 µL *Cover Fluid* überschichtet. Zum Schluss wird die Elektrophorese-Einheit verschlossen, an den *Electrophoresis Power Supply* EPS3501 (Bio-Rad) angeschlossen und das IEF-Programm gestartet, an dessen Ende die Gelstreifen entnommen und bis zur weiteren Verarbeitung bei -20°C gelagert werden. Die Laufbedingungen für die jeweiligen pH-Bereiche sind in Tabelle 2.5 aufgeführt.

Tabelle 2.5: Laufbedingungen der IEF

Schritt	Bedingung	pH 4-7	pH 6-9
1	Gradient 0-150 V	1 min	1 min
2	Gradient 150-300 V	1 h	1 h
3	konstant 300 V	1 h	4 h
4	Gradient 300-3500 V	5 h	5 h
5	konstant 3500 V	75 kVh = 21 h 27 min	30 kVh = 8 h 35 min
6	Gradient 3500-150 V	10 min	10 min
7	konstant 150 V	5 h (Sicherheitspuffer)	5 h (Sicherheitspuffer)

Herstellung der 2D-Gele

Die in dieser Arbeit verwendeten 1 mm dicken und 24x18 cm großen Polyacrylamid-Gele (Theorie siehe Kapitel 2.2.3.1) werden mit Hilfe eines *Ettan-DALTtwelve GelCaster* (GE Healthcare) gegossen. Bei Verwendung 1 mm dicker Gele können mit dieser Gieß-Einheit 14 Gele gleichzeitig gegossen werden. Dazu wird in die Gelkammer aufeinanderfolgend je ein Plastiktrenner, eine größere Glasplatte inklusive *spacer* (Abstandhalter zwischen den Glasplatten) und eine kleinere Glasplatte gestapelt. Beide Glasplatten zusammen mit dem Abstandhalter dazwischen bilden eine Kassette, in die später das Gel gegossen wird. Die verwendeten Glasplatten besitzen sehr geringe Eigenfluoreszenz, um die spätere Detektion der fluoreszenzmarkierten Proteine nicht zu stören. Zur Zuordnung der Proben auf den Gelen wird in jede Gelkassette links unten ein Papierstreifen mit einer Nummer eingelegt und in die Gele eingegossen. Nach dem Verschließen der Gelkammer wird die Polyacrylamid-Gellösung vorbereitet (Tabelle 2.6) und vor der Zugabe von APS und TEMED unter Rühren 10 min entgast sowie der Seitentank der Kammer mit *Displacing Solution* (Tabelle 2.6) gefüllt. Nach Zugabe des Radikalstarters APS und des Katalysators TEMED zur Gellösung wird diese direkt mit einer Schlauchpumpe von unten in die Gelkammer gepumpt, so dass alle Gelkassetten sich von unten nach oben gleichmäßig füllen. Etwa 2 cm unterhalb der

Höhe, die die Gele später haben sollen, wird die Pumpe ausgeschaltet und der Schlauch aus dem Zulauf zur Gelkammer gezogen. Dadurch öffnet sich der seitliche Tank und die *Displacing Solution* läuft ebenfalls von unten in die Gelkammer und verdrängt die restliche Gellösung aus dem Schlauchsystem und aus dem unteren Zulauf zur Gelkammer. Abschließend werden die Gele mit 0,1% SDS-Lösung überschichtet, um eine glatte obere Gelkante zu erzeugen. Nach der Polymerisierungzeit von ca. 4 h wird die Gelkammer geöffnet, die Gelkassetten gereinigt und bis zur weiteren Verwendung bei 4°C gelagert.

Tabelle 2.6: Zusammensetzung der Lösungen für 2D-Gele

Lösung	Zusammensetzung
PA-Gellösung	0,75 M Tris (pH 8,8); 12% PA; 5% Glycerol; 0,1% SDS
(nach 10 min Entgasen)	0,1% APS; 0,01% TEMED
Displacing Solution	0,75 M Tris (pH 8,8); 50% Glycerol; BPB
Überschichtung	0,1% SDS

Äquilibrierung

Bevor die Gelstreifen nach der IEF auf die Gele für die zweite Dimension übertragen werden können, müssen die im Streifen vorhandenen Proteine an die Bedingungen der SDS-PAGE angepasst werden. Diese Äquilibrierung der Gelstreifen beinhaltet die Reduktion der Proteine zur Beseitigung von Disulfidbrücken mittels Dithiothreitol (DTT) sowie eine anschließende Alkylierung mit Iodacetamid (IAA) um eine Reoxidation zu verhindern. Weiterhin werden die Proteine mit SDS beladen, um ihre Eigenladungen zu überdecken, damit die folgende elektrophoretische Auftrennung der SDS-beladenen Proteine allein auf deren Molekulargewicht basiert. Dazu werden die Gelstreifen nach dem Auftauen für jeweils 15 min unter leichtem Schütteln in Äquilibrierungspuffer 1 und 2 inkubiert und anschließend kurz in SDS-Laufpuffer gewaschen (Tabelle 2.7).

Tabelle 2.7: Pufferzusammensetzung für die Äquilibrierung und SDS-PAGE

Puffer	Zusammensetzung
Äquilibrierungspuffer 1	50 mM Tris (pH 8,8); 6 M Harnstoff; 30% Glycerol; 2% SDS; 1% DTT
Äquilibrierungspuffer 2	50 mM Tris (pH 8,8); 6 M Harnstoff; 30% Glycerol; 2% SDS; 4% IAA
SDS-Laufpuffer	25 mM Tris; 192 mM Glycin; 0,1% SDS
Agarose Sealing	25 mM Tris; 192 mM Glycin; 0,1% SDS; 0,5% Low Melt Agarose; BPB

Zweite Dimension – SDS-PAGE

Die zweite Dimension einer 2D-GE stellt die SDS-PAGE dar, deren theoretische Grundlagen in Kapitel 2.2.3.1 bereits beschrieben sind. Diese zweite elektrophoretische Trennung wird senkrecht zur ersten durchgeführt und das elektrische Feld so angelegt, dass die bereits nach pI getrennten und durch die Äquilibrierung SDS-beladenen Proteine durch das Gel zur Anode wandern und dabei nach Molekulargewicht aufgetrennt werden (Abbildung 2.4). Durch diese zweidimensionale Auftrennung ergibt sich auf dem Gel ein hoch aufgelöstes Punktmuster, wobei jeder Punkt eine Proteinspezies darstellt und selbst Proteine gleicher Art mit unterschiedlichen posttranslationalen Modifikationen unterscheidbar sind.

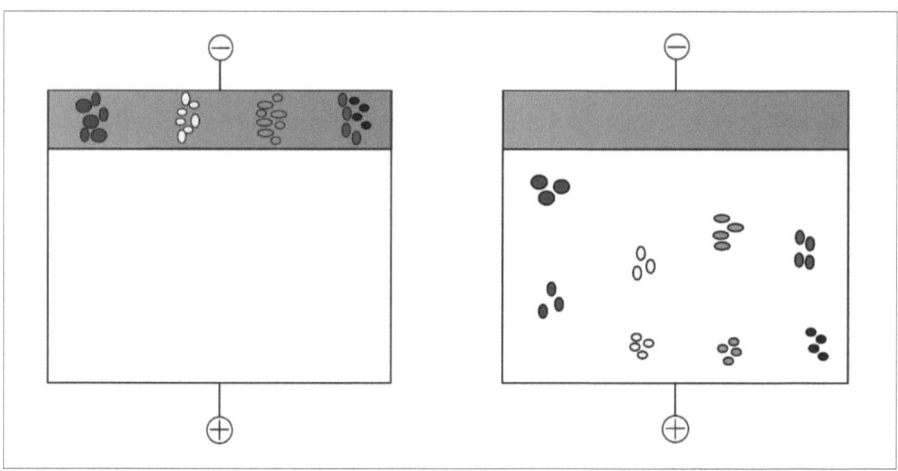

Abbildung 2.4: Prinzip der SDS-Polyacrylamidgelelektrophorese

In der vorliegenden Arbeit wird für die zweite Dimension das *EttanDALTtwelve Large Vertical* Elektrophorese-System (GE Healthcare) in Kombination mit selbst gegossenen SDS-Gelen verwendet. Dazu werden die äquilibrierten IPG-Streifen auf die Oberkante der Gele gelegt und sichergestellt, dass der Streifen über die gesamte Länge Kontakt zur Gelkante hat. Anschließend wird 1 mL geschmolzenes *Agarose Sealing* (Tabelle 2.7) luftblasenfrei zwischen die Glasplatten pipettiert, um den IPG-Streifen auf dem Gel zu fixieren. Danach werden die Gele mit dem IPG-Streifen nach oben zwischen die Abstandhalter des mit SDS-Laufpuffer (Tabelle 2.7) gefüllten Elektrophorese-Systems gestellt, die Kammer verschlossen und der Lauf mit Hilfe des *Electrophoresis Power Supply* EPS3501 (Bio-Rad) gestartet. Die Proteine werden über Nacht bei einer konstanten Leistung von 3 Watt pro Gel und konstanter Temperatur von 20°C aufgetrennt, bis die Front aus im *Agarose Sealing* enthaltenen Bromphenolblau am unteren Gelende austritt.

<u>Fluoreszenz-Detektion der Proteinspots</u>

Nach der elektrophoretischen Auftrennung werden die fluoreszenzmarkierten Proteine detektiert. Dazu werden die 2D-Gele direkt in der Gelkassette mit Hilfe eines Typhoon™ 9400 Gelscanners (GE Healthcare) eingelesen, um Schrumpfeffekte zu reduzieren und das spätere positionelle Abgleichen der Spots zu vereinfachen. Um die drei auf jedem Gel vorhandenen Proben in ihren unterschiedlichen Fluoreszenzfarbstoffen zu visualisieren, wird jedes Gel dreimal vom Scanner abgetastet und dabei jeweils mit der dem Farbstoff entsprechenden Absorptionswellenlänge angeregt und gleichzeitig mit der entsprechenden Emissionswellenlänge ausgelesen, die entsprechenden Scanner-Einstellungen sind Tabelle 2.8 zu entnehmen. Aufgrund des Einlesens der Gele in der Gelkassette wird die Fokussierungsebene des Scanner auf +3 mm eingestellt, was der Dicke der unteren Glasplatte entspricht. Vor der Digitalisierung der Gele für die spätere Auswertung, wird ein Vorschaubild mit einer geringeren Auflösung aufgenommen, mit dessen Hilfe die optimale Pixelintensität festgelegt wird. Dazu wird der Photoelektronenvervielfacher (PMT) so lange herabgesetzt, bis auf dem Vorschaubild kein Spot mehr die Detektionsgrenze überstrahlt. Dies ist eine Notwendigkeit für die quantitative Auswertung der Gele, da ein Vergleich der Proteinspots nur dann verlässliche Ergebnisse erzielt. Alle Gele werden bei diesem PMT-Wert aufgenommen.

Tabelle 2.8: Scanner-Einstellungen für 2D-DIGE

Farbstoff	Absorptionswellenlänge	Emissionsfilter	PMT[1]	Pixelgröße
Cy2	488 nm	520 nm BP40[2]	450 V	100 µm
Cy3	532 nm	580 nm BP30[2]	450 V	100 µm
Cy5	633 nm	670 nm BP30[2]	450 V	100 µm

[1]PMT = *Photomultiplier Tube* (engl.) Photoelektronenvervielfacher
[2]BP = *band-pass* (engl.) Bandbreitenfilter; z.B. BP30 = Emissionswellenlänge ± 15 nm

2.2.4 Auswertung der 2D-DIGE

2.2.4.1 Digitalisierung der Gele

Die mittels des Typhoon™ 9400 Scanners aufgenommen Gele werden von der *Typhoon™ Scan Control* als Datei gespeichert, welche je ein Bild jeder Farbe sowie ein Überlagerungsbild aller drei Farben enthält. Diese Bilder werden anschließend mit Hilfe der *ImageQuant™ TL* Software für die anschließende quantitativ Analyse von artifiziellen Signalen bereinigt. Dazu wird ein auf allen Gelen vorhandener deutlich abgrenzbarer, intensiv detektierter Spot markiert und ein Rechteck, welches die Gesamtheit der Proteinspots enthält, die Gelränder jedoch ausschließt, um diese Markierung gezogen. Die Position der Markierung innerhalb des Rechtecks wird verankert und das Gelbild entlang des Rechtecks zugeschnitten. Mit Hilfe dieser Maske werden anschließend alle anderen Gele auf die selbe Größe geschnitten, indem der Markierungsspot positionell an das jeweilige Gel angepasst wird. Die quantitative Auswertung der Gele wird danach mit Hilfe der *Proteomweaver 4.0*

Image Analysis Software (Bio-Rad) durchgeführt, in welche die zugeschnittenen Dateien importiert werden.

2.2.4.2 Aufbau der Analyse-Experimente

Die beiden untersuchten pH-Bereiche 4-7 und 6-9 werden getrennt voneinander ausgewertet. Dazu wird für jeden der beiden pH-Bereiche mittels der *Proteomweaver 4.0 Image Analysis Software* (Bio-Rad) ein eigenes digitales Analyse-Experiment durchgeführt, welche sich im Prozedere jedoch nicht unterscheiden. Daher wird in den folgenden Abschnitten die digitale Auswertung der Gele ohne Angabe des pH-Bereiches beschrieben. Zur quantitativen Auswertung der 2D-DIGE werden die Gelbilder entsprechend der darauf aufgetrennten Probe unterschiedlichen Gruppen zugeordnet. Die erste Gruppe enthält alle 14 Cy2-Bilder, auf denen der Interne Standard enthalten ist (Gruppe IS). In der zweiten Gruppe werden die insgesamt 14 Cy3- und Cy5-Bilder inkludiert, auf denen in Doppelbestimmung die Thrombozytenlysate der 7 Gesundspender zu sehen sind (Gruppe Gesund). Die Proben der 7 MDS-Patienten bilden pro Patient eine eigene Gruppe (Gruppen MDS1-7), in denen jeweils ein Cy3- und ein Cy5-Bild des jeweiligen patientenspezifischen Thrombozytenlysats enthalten ist.

2.2.4.3 Spot-Detektion und -Quantifizierung

Zur Detektion der Proteinspots wird ein Gelbild des IS ausgewählt und mit Hilfe des *Spot Detection Wizard* unter Eingabe bestimmter Minimalparameter für Spotintensität, -größe und -kontrast eine automatische Spotdetektion durchgeführt. Mit diesen Detektionsparametern werden anschließend die Proteinspots aller anderen Gelbilder der Gruppe IS detektiert. Durch eine digitale Signatur der Bilder, welche von ein und dem selben Gel stammen, wird diese Detektion automatisch auf die Bilder der anderen Gruppen übertragen. Gleichzeitig detektiert das Programm zur Position der Spots im Gel auch deren Größe und Intensität und berechnet daraus ihr Volumen. Mit Hilfe dieser

Parameter findet programmgesteuert eine Quantifizierung der Spots statt, in die zur quantitativen Analyse zwischen den verschiedenen experimentellen Gruppen nicht manuell eingegriffen wird. Hiernach erhält man für jedes Gel eine Liste, welche jedem Spot eine Identifizierungs-Nummer (Spot-ID) zuweist, unter der dessen genaue Position im Gel und sein Spot-Volumen gespeichert ist.

2.2.4.4 Positionelle Korrelation der Proteinspots

Positionell reproduzierbare Proteinmuster in einer großen Anzahl von 2D-Gelen stellten ein lange Zeit ungelöstes Problem dar, welches auch durch das gleichzeitige Gießen zusammengehöriger Gele nicht vollständig gelöst werden konnte. Mit Hilfe des Gel-Multiplexings und der DIGE ist nun immerhin die simultane Trennung von bis zu drei Proben pro Gel möglich, deren Spotmuster im Anschluss kongruent sind. Bei mehr als drei Proben tritt jedoch auch hier das Reproduzierbarkeitsproblem wieder auf, da wieder mehrere Gele miteinander verglichen werden müssen. Da es bis heute keine befriedigende experimentelle Lösung zur Vermeidung von Laufunterschieden gibt, musste auf Ebene der Softwareanalytik eine Lösung gefunden werden, mit der die Spotmuster von zwei oder mehr Gelen miteinander verglichen werden können, ohne dass jeder Spot auf jedem Gel manuell mit dem selben Spot auf allen anderen Gelen korreliert werden muss. Die hier verwendete *Proteomweaver 4.0 Image Analysis Software* (Bio-Rad) nutzt das sogenannte *Image Warping*, ein Verfahren der Bildver- bzw. -entzerrung. Dabei wird die gesamte in den Gelbildern enthaltene Pixelinformation für die Berechnung einer Bildtransformation genutzt, die zur bestmöglichen positionellen Übereinstimmung der zu vergleichenden Gelbilder führt. Dazu wird das Gel mit der größten Anzahl detektierter Spots ausgewählt und alle anderen Gele programmgesteuert so transformiert, dass möglichst viele Spots positionell mit dem Spotmuster dieses Gels korrelieren. Jedoch ergeben sich auch bei dieser Methode einige falsch positive Verknüpfungen und es bedarf einer anschließenden Kontrolle und ggf. Korrektur. Danach erhält man eine Liste, in der unter sogenannten SuperSpot-IDs alle positionell korrelierten Spot-IDs zusammengeführt sind. So kann anschließend anhand dieser Liste nachvollzogen werden, welcher Spot eines Gels mit welchen Spots auf den anderen Gelen korreliert. Gleichzeitig enthält diese Liste ebenfalls sämtliche Spot-Informationen, die unter den jeweiligen Spot-IDs abgespeichert sind.

2.2.4.5 Normalisierung der Gele

Sind alle Proteinspots detektiert und über alle Gele korreliert, wird eine Normalisierung der Gelbilder durchgeführt. Dieser Schritt ist essentiell für die quantitative Analyse, um nicht experimentell bedingte systemische Unterschiede, sondern biologisch relevante Variationen zu bestimmen. Dazu werden programmgesteuert für jeden detektierten Spot dessen Intensitäten auf den zusammengehörigen Gelbildern durch seine Intensität auf dem Bild der IS-Gruppe dividiert. Somit erhält man in der SuperSpot-ID Liste für jeden Spot der IS-Gruppe eine Intensität von 1 und für die restlichen Gruppen zu diesem Wert korrelierte Intensitäten, die in der anschließenden quantitativen Analyse der experimentellen Gruppen miteinander verglichen werden.

2.2.4.6 Quantitative Analyse der experimentellen Gruppen

Nach der Normalisierung der Gele beginnt die Suche nach Unterschieden zwischen den einzelnen experimentellen Gruppen mit Hilfe der normalisierten Liste der SuperSpot-IDs. Zuerst wird dazu der Mittelwert der Intensitäten eines Spots in allen 14 Gesundproben-Bildern sowie der Mittelwert aus den beiden Bildern jeder MDS-Gruppe ermittelt. Anschließend werden entsprechende Kriterien festgelegt, denen die zu suchenden Unterschiede gerecht werden müssen. In der vorliegenden Arbeit müssen die Proteinspots folgenden Kriterien entsprechen, um als differentiell anerkannt zu werden:

(1) Der Spot ist über mindestens 10 der 14 analysierten Gele positionell korreliert.

(2) In mindestens 5 der 7 untersuchten MDS-Patienten unterscheidet sich das normalisierte Spot-Volumen um mindestens den Faktor 1,5 vom Mittelwert der Gesund-Gruppe.

(3) Ein beidseitig ungepaarter studentischer t-Test ergibt eine Wahrscheinlichkeit <5% (p<0,05), dass es sich bei dem gefundenen Unterschied um einen Zufall handelt.

Alle Proteinspots, die diesen Kriterien entsprechen, werden anschließend in einer Liste differentieller Spots zusammengefasst.

2.2.5 Massenspektrometrische Analyse

Zur Interpretation der mittels 2D-DIGE gefundenen Unterschiede zwischen den experimentellen Gruppen, wird die Identität der hinter den differentiellen Proteinspots stehenden Proteine bestimmt. Dies erfolgt im Rahmen dieser Arbeit mit Hilfe der Massenspektrometrie, die aufgrund ihrer Sensitivität und Hochdurchsatz-Möglichkeiten den Edman-Abbau, die klassische Methode zur Proteinidentifizierung, abgelöst hat[91]. Grundprinzip der Massenspektrometrie ist es, aus Substanzen Ionen zu erzeugen, diese nach ihrer Masse und Ladung zu trennen und quantitativ sowie qualitativ zu registrieren[92]. Ein Massenspektrometer besteht dementsprechend aus den drei Bauteilen, welche diese Aufgaben ausführen: der Ionenquelle, dem Massenanalysator und dem Ionendetektor. Jedes dieser Teile existiert in verschiedenen Bauformen und Funktionsprinzipien, welche prinzipiell frei kombinierbar sind.

Für die Analyse per Massenspektrometrie werden die als differentiell eingestuften Spots zuerst aus den Gelen ausgeschnitten, danach in Peptidfragmente verdaut, diese anschließend massenspektrometrisch analysiert und anhand eines Datenbankabgleich identifiziert.

2.2.5.1 Ruthenium-Fluoreszenz-Färbung

In der vorliegenden Arbeit wird die Fluoreszenzmarkierung der Proteinproben vor der elektrophoretischen Auftrennung mit Hilfe der *CyDye^{TM} DIGE Fluor Minimal Dyes* (GE Healthcare) vorgenommen (Kapitel 2.2.3.2). Wie bereits beschrieben wird dabei etwa 1-2% jeder Proteinspezies mit den Fluoreszenzfarbstoffen gekoppelt. Dabei vergrößert sich das Molekulargewicht der markierten Proteine um ca. 500 Da gegenüber den restlichen 98% unmarkierten Proteins. Die daraus resultierenden in den verschiedenen Fluoreszenzen detektierten Spots liegen dementsprechend nicht exakt an der Position im Gel, an welcher sich der Großteil des jeweiligen Proteinspots befindet, sondern aufgrund des größeren Molekulargewichts und der dementsprechenden kürzeren Trennstrecke in der zweiten Dimension etwas höher. Um für die angestrebte Identifizierung der differentiellen Proteinspots per Massenspektrometrie eine möglichst große Menge des jeweiligen Proteins aus dem Gel zu extrahieren, werden die Gele vor dem Ausschneiden der Proteinspots einer zusätzlichen Färbung zur Detektion der Gesamtproteinpopulation unterzogen. Der hier verwendete Fluoreszenzfarbstoff RuBP, ein Rutheniumchelat, wird reversibel an die Proteine gebunden und kann somit vor der späteren massenspektrometrischen Analyse wieder von den Proteinen gelöst werden.

Dazu werden die Gele direkt im Anschluss an die Fluoreszenzdetektion der *CyDyes^{TM}* aus den Gelkassetten entnommen und über Nacht in einer Färbestation (*Dodeca Stainer*, Bio-Rad) in Fixierlösung inkubiert, um die Proteine im Gel zu fixieren. Es folgt eine sechsstündige Inkubation mit dem Ruthenium-Farbstoff sowie eine Entfärbung des Gel-Hintergrundes über Nacht. Die Zusammensetzung der verwendeten Lösungen ist Tabelle 2.9 zu entnehmen.

Tabelle 2.9: Schema für die Ruthenium-Fluoreszenz-Färbung

Schritt	Pufferzusammensetzung	Volumen / Gel	Inkubationszeit
Fixierung	30% Methanol; 7% Essigsäure	1 L	1 x 1 h 1 x ü.N.
Färben	10% Methanol; 7% Essigsäure; 1,2 µM RuBP	1 L	6 h
Entfärben	10% Methanol	1 L	1 x 1 h 1 x ü.N.

2.2.5.2 Ausschneiden differentieller Spots

Das *Spot Picking*, also das Ausschneiden der Proteinspots aus dem Gel, wird in der vorliegenden Arbeit computergesteuert von einem *GelPix Protein Spot Excision Robot* (Genetix) vorgenommen. Mit Hilfe der in diesem System enthaltenen CCD-Kamera werden die RuBP-gefärbten Proteine des jeweiligen Gels detektiert und das aufgenommene Gelbild in das zur Auswertung genutzte Proteomweaver 4.0-Experiment importiert. Anschließend wird mit Hilfe der Software das Spotmuster des RuBP-gefärbten Gels mit dem des Cy2-gefärbten Bildes des selben Gels positionell korreliert und die Positionen aller differentiellen Spots an den Roboter gesendet. Dieser stanzt automatisiert an genau diesen Positionen ein Gelstück mit einem Durchmesser von 2 mm aus und spült es in die Vertiefungen einer 96-*well*-Mikrotiterplatte (Greiner Bio-One). Das Programm erstellt eine Liste, in der die SuperSpot-IDs der gepickten Spots zusammen mit den jeweiligen Vertiefungen der 96-*well*-Platte, in welcher das Gelstück abgelegt wird, erfasst sind.

2.2.5.3 In-Gel-Proteinverdau und Peptidextraktion

Vor der massenspektrometrischen Identifizierung der Proteine in den Gelstücken, wird der reversibel gebundene RuBP-Farbstoff wieder aus dem Gel gewaschen. Dazu werden die ausgestanzten Gelstücke dreimal alternierend mit Waschpuffer 1 und 2 (Tabelle 2.10) für je 10 min inkubiert. Der wiederholte Wechsel zwischen Acetonitril-haltigem und -freiem Puffer führt zu einem mehrmaligen Schrumpfen und Quellen des Gelstücks, wobei durch das Herabsetzen der hydrophoben Wechselwirkungen zwischen den Farbstoffmolekülen und Proteinen nicht nur der Fluoreszenzfarbstoff, sondern auch das SDS effektiv von den Proteinen gelöst und aus dem Gel entfernt wird. Anschließend werden die Gelstücke mit Hilfe von 100% Acetonitril vollständig dehydriert, der Überstand durch Zentrifugation entfernt und die Gelstücke getrocknet.

Tabelle 2.10: Pufferzusammensetzung für die massenspektrometrische Analyse

Puffer	Zusammensetzung
Waschpuffer 1	25 mM NH_4HCO_3
Waschpuffer 2	25 mM NH_4HCO_3; 50% ACN
Acetonitril	100% ACN
Trypsinlösung	25 mM NH_4HCO_3; 2% ACN; 3,5 ng/µL Trypsin
Extraktionslösung	1% TFA
Target-Waschlösung	25 mM $(NH_4)H_2PO_4$; 0,1% TFA

Für die Identifizierung der differentiellen Proteine durch die Massenspektrometrie werden diese zuvor enzymatisch in spezifische Peptidfragmente zerteilt. Dazu wird die Serinprotease Trypsin eingesetzt, welche Peptidbindungen C-terminal nach den basischen Aminosäuren Lysin und Arginin hydrolytisch spaltet. Dadurch wird jedes Protein in eine charakteristische Zahl Peptide unterschiedlicher Massen geschnitten, welche anschließend massenspektrometrisch analysiert werden. Da Trypsin ebenfalls ein Protein ist, würde es bei diesem Vorgang auch selbst verdaut. Zur Verhinderung dieses Eigenverdau wird ein modifiziertes Trypsin (Promega) eingesetzt, dessen Lysine selektiv methyliert vorliegen, was diesen Prozess auf ein Minimum reduziert. Zuerst wird das lyophilisierte Trypsin nach Herstellerangaben in dem mitgelieferten Puffer gelöst und durch eine 15-minütige Inkubation bei 30°C aktiviert. Anschließend wird die Trypsinlösung auf eine Endkonzentration von 3,5 ng/µL (Tabelle 2.10) verdünnt, von der je 7 µL zu jedem Gelstück gegeben werden. Um die im Gel fixierten Proteine für die Protease zugänglich zu machen, wurde das Gelstück zuvor mit Acetonitril dehydriert, wodurch das in Puffer gelöste Trypsin beim Quellvorgang mit in das Gelstück aufgenommen wird. Nach einer Vorinkubation von 30 min bei 4°C wird der Proteaseverdau für 4 h bei 37°C durchgeführt. Nach Beendigung des proteolytischen Verdaus werden die entstandenen Peptidfragmente aus der Gelmatrix extrahiert, indem die Gelstücke für 30 min bei RT mit Extraktionslösung (Tabelle 2.10) inkubiert werden. Dabei wird etwa 70-80% der zu erwartenden Peptidmenge aus dem Gel extrahiert[93] und liegt anschließend in der Extraktionslösung vor.

2.2.5.4 MALDI-TOF

Das in der vorliegenden Arbeit verwendete Massenspektrometer ist eine Kombination aus einer MALDI (*matrix-assisted laser desorption/ionisation*) Ionenquelle und einem TOF (*time of flight*) Massenanalysator. Diese Ionenquelle erzeugt Peptidionen mit Hilfe einer spezifischen Matrix, in welche die zu analysierenden Proben eingebettet werden, und UV-Laserimpulsen[94]. Durch den Laserimpuls werden die Matrixmoleküle ionisiert und übertragen ihre Ladung per Energietransfer auch auf die Peptide. Die entstehenden Peptidionen sind überwiegend einfach geladen[95] und werden noch vor Austritt aus der Quelle über ein Potentialgefälle in Richtung Analysator beschleunigt. Mit Hilfe dieser kinetischen Startenergie driften die Ionen durch das Hochvakuum des hier verwendeten TOF-Massenanalysators und werden entsprechend ihres Masse-zu-Ladungs-Verhältnisses (m/z) aufgetrennt. Leichte Ionen legen die Strecke schneller zurück und treffen früher auf den Ionendetektor als schwere[96]. Das in der vorliegenden Arbeit verwendete Massenspektrometer ist ein Ultraflex-Tof/Tof der Firma Bruker Daltonics.

Targetpräparation

Die in der Extraktionslösung vorliegenden Peptidfragmente werden auf einen MALDI-Probenträger (*PAC^{TM}384 Pre-Spotted AnchorChip target*; Bruker Daltonics) pipettiert, welcher 96 Spots mit Kalibrierungs-Standardpeptiden sowie

384 weitere Spots zur Probenapplikation enthält. Die Spots sind bereits mit der Matrix aus α-Cyano-4-Hydroxy-Zimtsäure (HCCA) beschichtet, auf welche die Peptide direkt in der Extraktionslösung aufgebracht und nach 1 min Inkubationszeit quantitativ wieder abgenommen werden. Anschließend wird der gesamte Probenträger mit Target-Waschlösung (Tabelle 2.10) gewaschen und luftgetrocknet. Anschließend wird das Target in das Ultraflex-Tof/Tof gefahren und ein Vakuum im Gerät aufgebaut.

Akquirierung und Verarbeitung der Massenspektren

Die Massenspektren werden mit Hilfe des Compass 1.3 Softwarepakets (Bruker Daltonics) bestehend aus FlexControl 3.0 & FlexAnalysis 3.0 akquiriert. Danach werden die Spektren unter Verwendung des *SMART Calibration* Algorithmus mit den Tabelle 2.11 zu entnehmenden Kalibranten extern kalibriert. Es folgt eine interne Kalibrierung, in welcher 89 laborspezifische Massen aus den akquirierten Spektren ausgeschlossen werden. Diese laborspezifischen Massen wurden zuvor mit Hilfe der Firma Bruker Daltonics durch Auswertung von über 400 Spektren festgelegt und könne dem *Supplementary Material* von Fröbel et al. 2013[97] entnommen werden. Die gesamte Prozessierung der Massenspektren wird automatisiert von der Software durchgeführt.

Tabelle 2.11: Kalibranten des SMART Calibration Algorithm

Protein	Masse-zu-Ladungs-Verhältnis (m/z)
Bradykinin (1-7)	757,3992
Angiotensin II	1.046,5418
Angiotensin I	1.296,6848
Neurotensin	1.672,9170
Renin Substrate	1.758,9326
ACTH clip (1-17)	2.093,0862
ACTH clip (18-39)	2.465,1983
ACTH clip (1-24)	2.932,5879
ACTH clip (7-38)	3.657,9289

2.2.5.5 Proteinidentifizierung per Datenbankabgleich

Noch während der Aufnahme der Massenspektren wird mit Hilfe der Biotools 3.2 Software (Bruker Daltonics) begonnen die Proteine zu identifizieren. Dazu werden die annotierten Massenspektren über die Mascot Suchmaschine (Version 2.2.04; Matrix Science) zuerst mit der SwissProt Datenbank (SwissProt_57.12.fasta) und, falls dort kein Treffer gefunden wird, mit der NCBI Datenbank (NCBInr_20090324.fasta) abgeglichen. Diese Datenbanken enthalten Einträge über Proteinsequenzen, welche entsprechend der spezifischen Eigenschaften der verschiedenen Verdauungsenzyme unter Angabe bestimmter Anwender-spezifischer Parameter (Tabelle 2.12) *in silico* verdaut werden. Daraus erstellt die Mascot Suchmaschine ein theoretisches Massenspektrum der in der Datenbank eingetragenen Proteinsequenzen und vergleicht dieses mit den tatsächlich annotierten Massen des gesuchten Proteins. Werden Übereinstimmungen bestimmter Peptidmassen gefunden, berechnet die Software einen sogenannten MOWSE-Wert für den jeweiligen Treffer. Dieser Wert gibt Auskunft darüber, wie hoch die Wahrscheinlichkeit ist, dass es sich bei der gefundenen Übereinstimmung nicht um einen Zufall handelt. Je größer der MOWSE-Wert eines Ergebnisses ist, desto höher ist die Wahrscheinlichkeit, dass das gesuchte Protein mit dem gefundenen Datenbankeintrag übereinstimmt. Diese Technik bestehend aus Proteinverdau, MALDI-TOF Analyse und Sequenzdatenbanksuchalgorithmus bezeichnet man als *peptide mass fingerprinting* (PMF). In der vorliegenden Arbeit werden Proteinspots erst dann als identifiziert anerkannt, wenn der Spot mit einem MOWSE-Wert >56 (entspricht $p<0,05$) aus mindestens zwei verschiedenen Gelen ausgestochen und identifiziert ist.

Tabelle 2.12: Mascot Suchparameter

Parameter	Einstellung
Verwendetes Enzym	Trypsin
Globale Modifikationen	Carbaminomethylierung (C)
Optionale Modifikationen	Oxidation (M)
Massentoleranz	50 ppm
Ladung	einfach positiv
Verpasste Schnittstellen	1

2.2.6 Immunologische Analyse per Western Blot

Unter Western Blotting versteht man die elektrophoretische Übertragung von Proteinen aus Polyacrylamidmatrizes auf eine geeignete Membran. Dabei können Membranen aus verschiedenen Materialien mit unterschiedlicher Hydrophobizität und Morphologie zum Einsatz kommen. In der vorliegenden Arbeit werden PVDF-Membranen verwendet. Nach der Übertragung der Proteine auf die Membran folgt der immunologische Nachweis und die anschließende Detektion des gesuchten Proteins.

2.2.6.1 Blotting-Verfahren

Nach Beendigung der 1D-Gelelektrophorese (Kapitel 2.2.3.1) wird das Polyacrylamid-Gel aus den Glasplatten herausgenommen und entsprechend des in Abbildung 2.5 dargestellten Blotaufbaus zusammen mit der PVDF-Membran (Immobilon P; Millipore) und 6 Lagen Filterpapier in das Blotmodul gestapelt. Die hydrophobe Membran wird dazu vorher kurz in 100% Methanol gewaschen und zusammen mit dem Filterpapier in Transferpuffer (Tabelle 2.13) äquilibriert. Der fertige Stapel wird mit ca. 10 mL Transferpuffer begossen, das Modul verschlossen und an einen Stromgeber (*Electrophoresis Power Supply* EPS301; Amersham Biosciences) angeschlossen. Bei Obergrenzen für Spannung und Stromstärke von 15 V bzw. 400 mA dauert die elektrophoretische Übertragung der Proteine je nach Größe ca. 30-45 min.

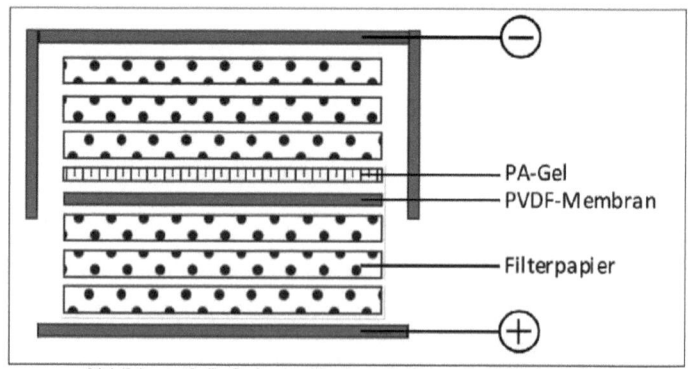
Abbildung 2.5: Schematischer Aufbau des Blotmoduls

2.2.6.2 Immunologischer Antigen-Nachweis

Nach dem Transfer der Proteine auf die PVDF-Membran folgt der immunologische Antigen-Nachweis, bei dem eine definierte Proteinspezies auf der Membran mit Hilfe spezifischer Antikörper nachgewiesen wird. Im Rahmen dieser Arbeit werden zum Nachweis der Zielproteine Talin-1, Myosin-9, Vinculin und Filamin-A jeweils Primärantikörper aus Maus oder Hase, welche spezifisch an das humane Zielprotein binden, genutzt. Dazu wird die Membran nach dem Blot mit Waschpuffer gespült und anschließend sämtliche unspezifischen Bindestellen durch einstündige Inkubation mit einer proteinreichen Blockierungslösung abgesättigt. Nach einem weiteren Waschschritt wird die Primär-Ak-Lösung zugegeben und für 1 h bei RT auf einem Orbitalschüttler inkubiert. Anschließend wird die Membran erneut mit Waschlösung gespült, bevor die Sekundär-Ak-Lösung zugegeben wird. Diese enthält je nach Wirtsspezies des Primärantikörpers einen sekundären Antikörper gegen Maus bzw. Hase. Nach einstündiger Inkubation erfolgt ein weiterer intensiver Waschschritt. Die Zusammensetzung der verwendeten Lösungen und die verwendeten Antikörper sind in den Tabellen 2.13 und 2.14 dargestellt.

Tabelle 2.13: Zusammensetzung der Lösungen für den Western Blot

Lösung	Zusammensetzung
Transferpuffer	48 mM Tris; 39 mM Glycin (pH 9,2); 20% Methanol; 0,0375% SDS
Waschlösung	20 mM Tris-HCl, 137 mM NaCl (pH 7,6); 0,05 % Tween20
Blockierungslösung	4 % Magermilchpulver in Waschlösung
Primär-Ak-Lösung	Primär-Antikörper verdünnt in Waschlösung
Sekundär-Ak-Lösung	Sekundär-Antikörper AP-konjugiert verdünnt in Waschlösung
Substratpuffer	0,1 M Tris; 0,1 M NaCl (pH 9,5); 50 mM $MgCl_2$

Tabelle 2.14: Verwendete Antikörper für den Western Blot

Antikörper	Wirt	Spezifität	Klon	Markierung	Verdünnung	Firma
Talin-1	Maus	human	3H2901	Ø	1:2500	LSBio
Myosin-9	Hase	human	polyklonal	Ø	1:500	Sigma Aldrich
Vinculin	Maus	human	SPM227	Ø	1:2500	Abcam
Filamin-A	Maus	human	FLMN01	Ø	1:2500	Abcam
Tubulin	Hase	human	polyklonal	Ø	1:2500	Abcam
Sek Ak 1	Esel	Maus	polyklonal	AP	1:2500	Abcam
Sek Ak 2	Esel	Hase	polyklonal	AP	1:2500	Abcam

2.2.6.3 Detektion mittels NBT/BCIP-Präzipitation

Das NBT/BCIP-Detektionssystem färbt Proteine selektiv in der Anwesenheit von Alkalischer Phosphatase (AP). Es besteht aus den beiden Komponenten BCIP (5-Brom-4-chlor-3-indolylphosphat-p-Toluidinsalz) und NBT (Nitroblau-Tetrazoliumchlorid). BCIP dient als Substrat für die an den Sekundärantikörper gekoppelte Alkalische Phosphatase, wird dephosphoryliert und reagiert in einer Redoxreaktion mit NBT. Beide Salze werden dabei zu unlöslichen, blauen Farbstoffen umgesetzt. Zur Detektion des Sekundärantikörpers und somit auch des nachzuweisenden Proteins werden 200 µL der NBT/BCIP-Stammlösung (Roche) in 10 mL Substratpuffer (Tabelle 2.13) verdünnt und die Membran bis zum Erreichen der gewünschten Farbintensität darin inkubiert.

2.3 Molekulare Zellcharakterisierung

2.3.1 Thrombozytenaggregometrie

Die Untersuchung der Thrombozytenaggregation mit Hilfe des turbidimetrischen Aggregationsverfahrens nach Born[98] ist ein wichtiges Instrument zur Erfassung angeborener, erworbener oder medikamentös induzierter Funktionsstörungen der Thrombozyten[99]. Dazu wird das PRP verschiedenen eine Aggregation induzierenden Agonisten ausgesetzt. Dies geschieht in einer Küvette, die zwischen einer Lichtquelle und einer Photozelle platziert ist, sodass man Veränderungen in der Trübung der Lösung detektieren kann. PRP ist aufgrund der vielen kleinen Thrombozyten eine trübe Flüssigkeit mit einer sehr niedrigen Lichtdurchlässigkeit, wodurch kaum Lichtstrahlen den Detektor erreichen. Bilden die Thrombozyten durch die Wirkung des Agonisten Aggregate aus vielen Einzelzellen, steigt die Lichtdurchlässigkeit der Flüssigkeit. Die gemessene optische Dichte (OD) der Flüssigkeit ergibt einen Wert für das Ausmaß der Aggregation in Prozent (Abbildung 2.6). Der Leerwert (0% Lichtdurchlässigkeit) wird mit dem PRP definiert, 100% Lichtdurchlässigkeit entspricht der OD einer klaren Flüssigkeit (wahlweise PPP oder Puffer).

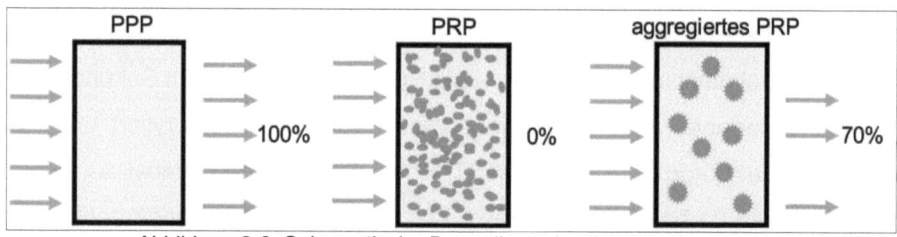

Abbildung 2.6: Schematische Darstellung des Aggregationstests

Im Rahmen der vorliegenden Arbeit wird die Thrombozytenaggregometrie durch das Institut für Klinische Chemie des Universitätsklinikums Düsseldorf nach einem Routineprotokoll mit Hilfe eines PAP 8 (*platelet aggregation profiler*) Aggregometers der Firma mölab durchgeführt. Dazu wird innerhalb 2 h nach der Blutabnahme das PRP isoliert und nach Zugabe des jeweiligen Agonisten die Lichtdurchlässigkeit der Lösung über einen Zeitraum von 20 min beobachtet. Als Agonisten kommen 20 µM ADP, 0,5 mg/mL Arachidonsäure, 10 µg/mL Kollagen und 1,5 mg/mL Ristocetin zum Einsatz, deren vorgegebene Referenzbereiche bei 70%-90% Aggregation liegen.

2.3.2 Immunphänotypische Analysen

Im Rahmen von immunphänotypischen Analysen wird die Expression verschiedener Antigene auf der Oberfläche von Zellen gemessen. Mit Hilfe fluorochrom-konjugierter Antikörper wird das Antigenprofil der entsprechenden Zellen bestimmt und aus diesem Expressionsmuster Rückschlüsse auf den Zustand der Zelle gezogen. Das am häufigsten angewandte Verfahren der Immunphänotypisierung ist die Durchflusszytometrie (Kapitel 2.3.2.2). In der vorliegenden Arbeit wird mit Hilfe der Durchflusszytometrie die Expression verschiedener Oberflächenrezeptoren, die intrazelluläre Kalziumkonzentration sowie der Aktivierungszustand der Thrombozyten untersucht.

2.3.2.1 Markierung der Zellen

Für die durchflusszytometrische Analyse werden die Thrombozyten mit spezifischen Antikörpern markiert und mit aktivierungsauslösenden Agonisten stimuliert. Jeweils 10 µL citrat-antikoaguliertes Vollblut werden dafür zusammen mit dem jeweiligen Agonist und den Antikörpern in die verschiedenen Färbeansätze gegeben. Diese Suspension wird für 20 min bei RT im Dunkeln inkubiert und der überschüssige Antikörper danach ausgewaschen. Dazu wird der Färbeansatz mit PBS aufgefüllt, bei 1200 rpm pelletiert und der Überstand verworfen. Die meisten verwendeten Antikörper sind bereits vom Hersteller mit entsprechenden Fluorochromen konjugiert, manche sind jedoch nicht markiert erhältlich. Bei Verwendung unkonjugierter Antikörper ist eine Nachfärbung der Zellen mit fluorochrom-konjugierten Sekundärantikörpern nötig, die sich gegen die Spezies, aus welcher der Erstantikörper stammt, richten. Diese zweite Färbung findet direkt nach dem Auswaschen des Erstantikörpers nach dem selben Protokoll wie die erste Färbung statt. Für die Auslösung der Aktivierung kommen verschiedene Agonisten zum Einsatz. Neben dem Thrombin-Rezeptor aktivierenden Peptid (TRAP), welches eine rezeptorabhängige Aktivierungskaskade auslöst wird weiterhin das rezeptor-unabhängige Phorbol-12-Myristat-13-Acetat (PMA) sowie den Fibrinogenrezeptor von außen stimulierendes $MnCl_2$ verwendet. Die Färbeansätze sind Tabelle 2.15, die Antikörper Tabelle 2.16 in Kapitel 2.3.2.5 zu entnehmen.

Tabelle 2.15: Färbeansätze zur Thrombozyten-Analyse

Ansatz	Probe	Aktivierung	Antikörper
1	ungefärbt	Ø	Ø
2	Isotyp-Kontrolle 1	Ø	IgM FITC, IgG_1 PE, IgG_1 APC
3	Zustand ruhend	Ø	PAC-1 FITC, CD61 PE, CD62P APC
4	Zustand TRAP aktiviert	$5x10^{-6}$ M TRAP	PAC-1 FITC, CD61 PE, CD62P APC
5	Zustand PMA aktiviert	$1x10^{-5}$ M PMA	PAC-1 FITC, CD61 PE, CD62P APC
6	Zustand Mn^{2+} aktiviert	$1x10^{-3}$ M $MnCl_2$	PAC-1 FITC, CD61 PE, CD62P APC
7	Isotyp-Kontrolle 2	Ø	IgG_1 FITC, IgG_{2a} PE
8	Kollagenrezeptor 1	Ø	CD41 FITC, CD49b PE
9	vWF-Rezeptor	Ø	CD41 FITC, CD42b PE
10	Sekundär-Ak 1	Ø	Hase-anti-Ziege sekAk AF488
11	Kollagenrezeptor 2	Ø	GPVI unkonjugiert, gefärbt mit sekAk 1
12	Sekundär-Ak 2	Ø	Ziege-anti-Hase sekAk AF488
13	ADP-Rezeptor 1	Ø	$P2Y_1$ unkonjugiert, gefärbt mit sekAk 2
14	ADP-Rezeptor 2	Ø	$P2Y_{12}$ unkonjugiert, gefärbt mit sekAk 2

2.3.2.2 Durchflusszytometrie

Die Durchflusszytometrie wird zur Analyse und Separation von Einzelzellen innerhalb einer Zellpopulation eingesetzt. Diese Technologie ermöglicht es gleichzeitig mehrere physikalische und Fluoreszenz-Parameter der einzelnen Zelle quantitativ zu bestimmen, während diese in einem Flüssigkeitsstrom einen Lichtstrahl kreuzt und dabei Streulicht (*light scatter*) verursacht. Je größer eine Zelle ist und je mehr Strukturen in ihrem Inneren sind, desto größer ist das entstehende Streulicht. Das Streulicht wird in einem Durchflusszytometer mit Hilfe mehrerer Spiegel detektiert (Abbildung 2.7) und gibt Aufschluss über spezifische Zelleigenschaften. Der Spiegel, welcher knapp neben der Richtung des ursprünglichen Strahls angebracht ist, detektiert das Vorwärtsstreulicht (*forward scatter*; FSC) und ermittelt darüber die Größe der Zelle. Der etwa im rechten Winkel dazu angebrachte Spiegel detektiert das Seitwärtsstreulicht (*side scatter*; SSC), welches Informationen über die Granularität der Zelle gibt. Bei einer Darstellung der von jeder Zelle aufgenommenen FSC- und SSC-Werte in einem Diagramm (Plot) werden die Zellen, die ähnliche Streulichteigenschaften haben, in wolkenähnlichen Projektionen dargestellt. Zusätzlich zu diesen Eigenschaften kann die Expression von Proteinen auf oder innerhalb der Zellen quantitativ bestimmt werden, indem die Zellen mit fluorochrom-konjugierten Antikörpern gegen diese Proteine markiert werden. Treffen diese markierten Zellen dann in der Flusszelle auf einen Laserstrahl der geeigneten Wellenlänge, emittieren sie Licht in der Wellenlänge des Fluorochroms des an die Zelle gebundenen Antikörpers. Dieses Licht wird von Photomultipliern (PMT) detektiert, die das Licht in elektrische Signale umwandeln. Ausgewertet wird das Fluoreszenz-Signal ebenfalls als Punktwolke in einem Plot, in dem es beispielsweise gegen eine Markierung in einer anderen Farbe aufgetragen wird. Eine gleichzeitige Messung verschiedener Fluoreszenzfarbstoffe in einer Zellpopulation ist möglich, solange sich die eingesetzten Farbstoffe in ihren Emissionsspektren unterscheiden. Das im Rahmen der vorliegenden Arbeit eingesetzte FACSCalibur (BD Biosciences) kann mit zwei Lasern (488 nm und 635 nm) bis zu vier unterschiedliche Fluoreszenzemissionen gleichzeitig messen (Abbildung 2.7). Da Fluoreszenzfarbstoffe Licht nie nur bei einer bestimmten Wellenlänge sondern über ein gewisses Spektrum emittieren und sich die Spektren der verschiedenen Farbstoffe häufig überschneiden, muss zur Auswertung mehrfarbig markierter Zellpopulationen zuvor eine Kompensation durchgeführt werden.

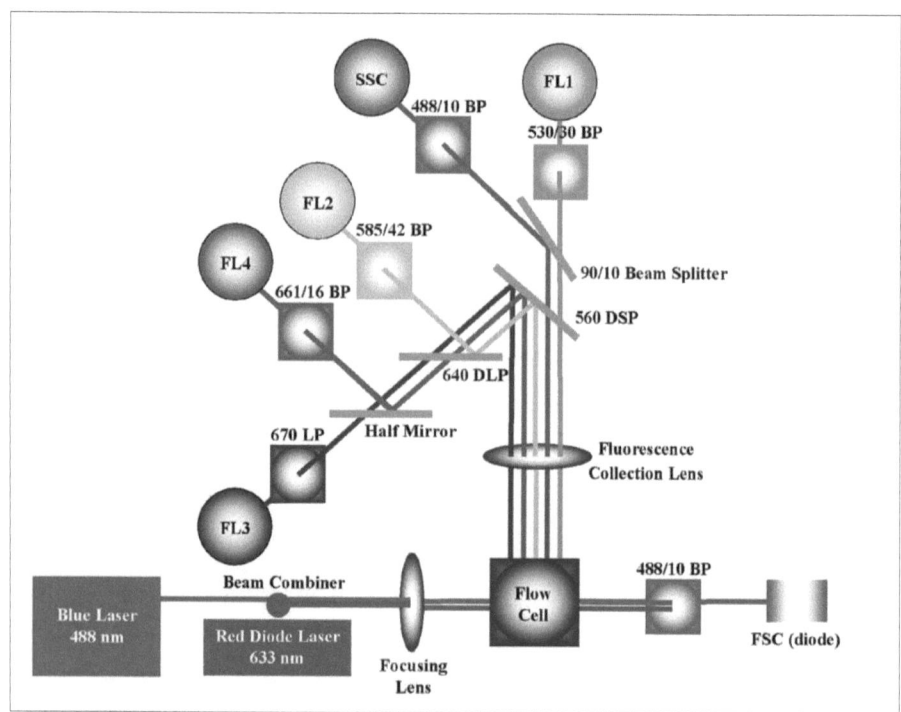

Abbildung 2.7: Schematischer Aufbau des FACSCalibur [adaptiert nach [100]]

In der vorliegenden Arbeit werden mit Hilfe der Durchflusszytometrie Thrombozyten aus dem Vollblut untersucht. Dazu wird die Thrombozyten-Zellpopulation im FSC-gegen-SSC-Plot von den anderen Populationen (Zelltrümmer, andere Blutzellen) getrennt (*gating*). Um sicherzustellen, dass es sich bei der selektierten Population wirklich um die Thrombozyten handelt, wird diese Zellpopulation anschließend auf ihren Gehalt an CD41 (α-Untereinheit des Fibrinogen-Rezeptors) oder CD61 (β-Untereinheit des Fibrinogen-Rezeptors), welche ausschließlich auf Thrombozyten und Megakaryozyten exprimiert werden, überprüft und nur die Zellen weiter in die Auswertung einbezogen, welche diese Marker exprimieren. Zur Einschätzung des Aktivierungszustandes der Thrombozyten kommt ein PAC-1 Antikörper zum Einsatz, welcher selektiv nur an die aktive Form des Fibrinogen-Rezeptors bindet, sowie ein Antikörper gegen P-Selectin (CD62P), welches sich ausschließlich auf der Granulamembran befindet. Eine Liste der verwendeten Antikörper findet sich in Tabelle 2.16 in Kapitel 2.3.2.5.

2.3.2.3 Bestimmung der intrazellulären Kalziumkonzentration

Die Durchflusszytometrie wird in der vorliegenden Arbeit weiterhin zur Bestimmung der intrazellulären Kalziumkonzentration der Thrombozyten während der Aktivierung eingesetzt. Dazu werden die Thrombozyten zuvor für 15 min mit dem Kalziumindikator Fluo-4,AM (Invitrogen) bei 37°C im Dunkeln inkubiert. Der verwendete Indikator trägt eine Acetoxymethylestergruppe, welche ein Eindringen der Farbstoffmoleküle in die Zellen ermöglicht. Im Zellinneren wird diese Gruppe durch Esterasen abgespalten, so dass der Farbstoff nicht mehr membrangängig ist und im Zytoplasma der Zelle verbleibt. Bindet nun intrazelluläres Ca^{2+} an die Farbstoffmoleküle, emittieren diese bei Anregung mit Licht der Wellenlänge 488 nm ein entsprechendes Signal bei 530 nm. Durch direkte Abspaltung der Estergruppe durch die Esterasen im Zytoplasma wird nur das dort vorliegende Ca^{2+} gebunden und trägt zur Signalstärke bei, während das in den Granula gespeicherte Ca^{2+} nicht daran beteiligt ist. Bei der Aktivierung der Thrombozyten mit Agonisten wie ADP oder Thrombin wird das gespeicherte Ca^{2+} aus den Granula ins Zytoplasma freigesetzt und vom dort vorhandenen Farbstoff gebunden. Es kommt zu einem Anstieg des gemessenen Fluoreszenzsignals. Dazu wird direkt nach der Färbung im Durchflusszytometer zuerst die Grundfluoreszenz der Thrombozyten gemessen, anschließend das Röhrchen aus dem Gerät genommen, die Zellen mit 50 µM ADP oder 1 U/mL Thrombin aktiviert und das ansteigende Fluoreszenzsignal weiter aufgenommen. Zur Auswertung wird die Fluoreszenz in einem Plot gegen die Zeit aufgetragen, die Zeitachse in kleinere Abschnitte unterteilt und die darin gemessene Fluoreszenz der Einzelzellen gemittelt.

2.3.2.4 Förster-Resonanz-Energie-Transfer

Eine weitere Anwendungsmöglichkeit der Durchflusszytometrie ist deren Kombination mit einem anderen Fluoreszenz-basierten Verfahren, dem Förster-Resonanz-Energie-Transfer (FRET). Diese Technik zur Beobachtung von Protein-Protein-Interaktionen basiert auf dem Energietransfer von einem Donor-Fluorophor auf ein nahe gelegenes Akzeptor-Fluorophor, was zu einem Anstieg der Fluoreszenz des Akzeptors führt (Abbildung 2.8). Dies kommt nur zustande, wenn der Abstand zwischen Donor und Akzeptor <10 nm beträgt und das Emissionsspektrum (Em) des Donors mit dem Extinktionsspektrum (Ex) des Akzeptors überlappt[101]. Seit den 1980er Jahren wird diese Technik mit Hilfe der Fluoreszenzmikroskopie gemessen, seit etwa 10 Jahren nutzt man ebenso die Möglichkeit FRET-Signale mit Hilfe von Durchflusszytometern zu detektieren[102]. In der vorliegenden Arbeit wird die räumliche Nähe des intrazellulären Proteins Talin-1 zum Fibrinogen-Rezeptor der Thrombozyten untersucht. Dazu werden aktivierte Thrombozyten mit Hilfe von Fluoreszenz-markierten Antikörpern gegen CD41 und Talin-1 inkubiert und anschließend mit Hilfe der 488 nm und 635 nm Laser eines Cytomics FC 500 Durchflusszytometers (Beckman Coulter) analysiert.

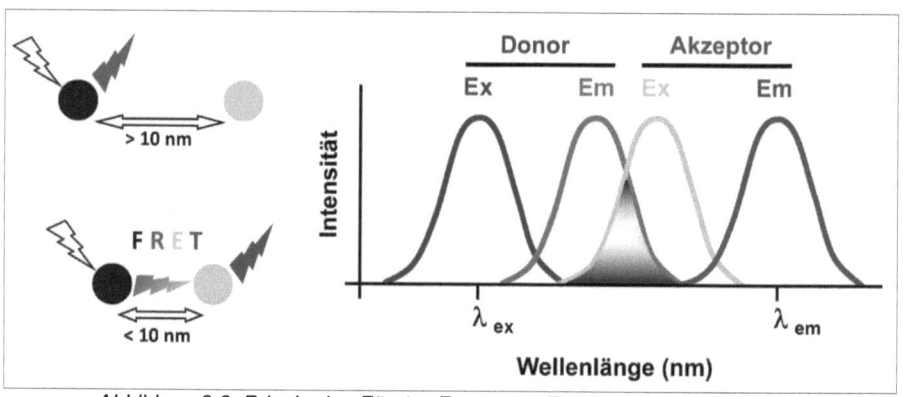

Abbildung 2.8: Prinzip des Förster-Resonanz-Energie-Transfers (FRET)

Die eingesetzten Antikörper gegen CD41 und Talin-1 werden zuvor mit Hilfe von *Lynx Rapid Conjugation Kits* (AbD Serotec) nach Herstellerangaben mit den Fluoreszenzfarbstoffen Phycoerythrin (PE) und Allophycocyanin (APC) konjugiert. Anschließend werden Thrombin-aktivierte Thrombozyten mit diesen fluorochrom-konjugierten Antikörpern inkubiert. Die zur intrazellulären Markierung nötige Permeabilisierung der Zellen, kann bei aktivierten Thrombozyten vernachlässigt werden und es wird auf das Protokoll zur extrazellulären Markierung zurückgegriffen (Kapitel 2.3.2.1). Vor der eigentlichen FRET-Messung am Durchflusszytometer werden Einfachfärbeansätze der Zellen analysiert, um das Fluoreszenzlevel jedes einzelnen Farbstoffes festzustellen. Danach werden die doppelt markierten Zellen mit Hilfe des 488 nm Argonlasers bestrahlt. Die CD41-PE-markierten Zellen werden mit dem 488 nm Argonlaser des Zytometers bestrahlt und emittieren Licht bei 575 nm. Befindet sich dabei das APC-markierte Talin-1 in unmittelbarer Nähe des PE-markierten CD41, so absorbiert APC das von PE emittierte Licht und fluoresziert bei 675 nm, ohne dass mit dem dafür nötigen Laser (635 nm) angeregt zu werden. Dadurch ist ein Anstieg der Fluoreszenz bei 675 nm zu messen, wenn CD41 und Talin-1 sich in einem Abstand von <10 nm zueinander aufhalten. Die Spezifikation der verwendeten Antikörper ist Tabelle 2.16 Kapitel 2.3.2.5 zu entnehmen.

2.3.2.5 Verwendete Antikörper

Für alle durchflusszytometrischen Experimente kommen die in Tabelle 2.16 aufgeführten Antikörper zum Einsatz. Sind die erforderlichen Fluoreszenz-gekoppelten Antikörper nicht kommerziell erhältlich, werden wahlweise unkonjugierte Antikörper mit Hilfe der *Lynx Rapid Conjugation Kits* (AbD Serotec) mit Fluoreszenz-Farbstoffen markiert oder eine Nachfärbung mit fluorochrom-konjugierten Sekundärantikörpern durchgeführt.

Tabelle 2.16: Verwendete Antikörper

Antikörper	Wirt	Spezifität	Typ	Klon	Markierung	Firma
Isotyp	Maus	Mensch	IgG$_1$	X40	FITC, PE oder APC	BD Biosciences
Isotyp	Maus	Mensch	IgG$_{2a}$	X39	PE	BD Biosciences
Isotyp	Maus	Mensch	IgM	G155-228	FITC	BD Biosciences
PAC-1	Maus	Mensch	IgM	-	FITC	BD Biosciences
CD41	Maus	Mensch	IgG$_1$	P2	FITC	Acris Antibodies
CD41	Maus	Mensch	IgG$_1$	P2	Ø (PE-konjugiert)	Acris Antibodies
CD42b	Maus	Mensch	IgG$_1$	HIP1	PE	BD Biosciences
CD49b	Maus	Mensch	IgG$_{2a}$	12F1	PE	BD Biosciences
CD61	Maus	Mensch	IgG$_1$	VI-PL2	PE	BD Biosciences
CD62P	Maus	Mensch	IgG$_1$	AK-4	APC	BD Biosciences
GPVI	Ziege	Mensch	IgG	N-20	Ø	Santa Cruz
P2Y1	Hase	Mensch	IgG	-	Ø	Alomone Labs
P2Y12	Hase	Mensch	IgG	-	Ø	Alomone Labs
Talin-1	Maus	Mensch	IgG$_1$	3H2901	Ø (APC-konjugiert)	LSBio
Talin-1	Maus	Mensch	IgG$_1$	3H2901	Ø (PerCp-Cy5.5-konjugiert)	LSBio
Filamin-A	Maus	Mensch	IgG$_1$	FLMN01	Ø (APC-konjugiert)	Abcam
Sek Ak 1	Hase	Ziege	IgG	-	AlexaFluor 488	Invitrogen
Sek Ak 2	Ziege	Hase	IgG	-	AlexaFluor 488	Invitrogen

2.3.3 Aktivierungsbedingte Formveränderung von Thrombozyten

Eine weitere Möglichkeit zur Charakterisierung der Thrombozyten während des Aktivierungsprozesses ist die mikroskopische Beobachtung der Zellmorphologie nach der Zugabe eines aktivierenden Stoffes. Hierzu lässt man die Thrombozyten auf einer Oberfläche anhaften, aktiviert sie und beobachtet die darauffolgenden Veränderungen. Zur Schaffung der Oberfläche, an der die Thrombozyten adhärieren, werden Glasboden-Petrischalen (MatTek) über Nacht bei 37°C mit einer 3,3 µM Fibrinogenlösung (human) beschichtet. Unspezifische Bindungsstellen dieser Oberfläche werden mit 1% BSA in PBS für 1 h bei 37°C blockiert. Als Negativkontrolle werden Petrischalen, welche ausschließlich mit BSA blockiert sind, genutzt. Danach werden 100 µL Thrombozyten (5 x 10^5/µL in *Tyrode's modified* HEPES-Puffer) in den beschichteten Petrischalen für etwa 5 min bei 37°C inkubiert, damit diese an die Fibrinogen-beschichtete Oberfläche adhärieren. Anschließend wird mit Hilfe eines Zeiss LSM 510 META Mikroskops in Verbindung mit einem Plan-Neofluar 40x/1.3 Öl DIC Objektiv die zu mikroskopierende Ebene, in der die adhärierten Zellen scharf zu sehen sind, eingestellt. Da sich die Blutplättchen während des Aktivierungsprozesses in ihrer Form verändern, werden mehrere übereinander liegende Ebenen aufgenommen (*z-stack*). Anschließend werden die Thrombozyten durch Zugabe von 1 U/mL Thrombin aktiviert und über einen Zeitraum von 30 min kontinuierlich Bilder aller Ebenen aufgenommen und mit Hilfe der *LSM Image Browser Software* (Zeiss; Version 4.2.0.121) ausgewertet.

2.4 Statistische Auswertung

Die Berechnung von Medianen, Mittelwerten und Standardabweichungen der Messergebnisse sowie die Erstellung von Diagrammen werden mit Excel 2007 (Microsoft) oder Prism 5.01 (GraphPad Software Inc.) durchgeführt. Ebenfalls mit diesen Programmen wird die Berechnung der Signifikanz anhand von zweiseitig ungepaarten studentischen t-Tests durchgeführt. Die Korrelation der experimentell ermittelten Ergebnisse mit den klinischen Parametern der Patienten wird anhand von Häufigkeitstabellen (z-Tests) mit Hilfe des Programms SPSS (IBM) durchgeführt. Weiterhin wird dieses Programm auch zur Erstellung von Modellen zur Abhängigkeit der einzelnen Parameter voneinander mit Hilfe von χ^2-Tests genutzt. Die erhaltenen Wahrscheinlichkeitswerte (*p-value*) sind im Text oder in Tabellen als Zahlen angegeben und werden in Abbildungen anhand von Sternchen dargestellt. Dabei steht ein Stern für eine Wahrscheinlichkeit <5% (* ≙ $p<0,05$), zwei Sterne bedeuten eine Wahrscheinlichkeit <1% (** ≙ $p<0,01$) und drei Sterne stehen für eine Wahrscheinlichkeit <0,1% (*** ≙ $p<0,001$), dass es sich bei dem gefundenen Ergebnis um eine zufällige Abweichung handelt.

3 Ergebnisse und Diskussion

3.1 Patientencharakteristika

Im Rahmen der in der Arbeit durchgeführten experimentellen Untersuchungen wurden Blutproben von 66 MDS-Patienten im Rahmen von Routineuntersuchungen gewonnen, nachdem die Patienten ihr Einverständnis zur Teilnahme an diesem Forschungsprojekt gegeben haben untersucht. Angaben über Alter, Geschlecht und Krankheitsmerkmale der Patienten sowie die Experimente, bei denen deren Proben zum Einsatz kommen, sind Tabelle 3.1 zu entnehmen.

Tabelle 3.1: Patientencharakteristika

Nr.	Genus	Alter	WHO	IPSS	Thrombozyten [x 10^9/L]	Zytomorphologie[1] a / b / c	MPV[2] [fL]	Experiment[3]
1	w	23	RAEB I	Int-2	43	1 / 1 / 0	12,7	2D
2	m	61	RCMD	Int-1	109	0 / 1 / 0	n/a	2D, FL, AG
3	w	66	RCMD	Int-1	83	0 / 0 / 0	12,1	2D, FL, AG
4	m	75	CMML I	Int-2	37	1 / 1 / 1	n/a	2D
5	w	39	RCMD	Int-2	63	0 / 1 / 1	10,1	2D
6	m	77	RCMD	Int-1	60	1 / 1 / 1	11,6	2D
7	m	72	RAEB II	Int-2	55	1 / 0 / 0	12,4	2D
8	w	75	RAEB II	Int-2	93	0 / 1 / 1	12,3	FL, AG, SP
9	w	82	RCMD	Int-1	82	1 / 1 / 0	12,1	AG
10	w	69	RAEB II	High	130	1 / 0 / 1	11,5	AG, FR
11	w	85	RCMD	Low	311	1 / 1 / 1	8,7	AG
12	m	80	RCMD	Low	156	1 / 0 / 1	9,9	AG
13	m	67	CMML II	High	86	0 / 0 / 1	11,8	FL, AG
14	m	66	RCMD-RS	Int-1	273	1 / 1 / 1	10,9	AG
15	w	80	RAEB II	High	38	0 / 0 / 0	12,1	AG
16	w	62	RCMD	Int-1	284	1 / 1 / 0	11,7	AG, SP
17	w	26	RCMD	Int-1	312	1 / 0 / 0	9,4	AG, SP
18	m	79	RCMD	Int-1	99	1 / 1 / 1	13,0	AG, FR
19	w	55	RAEB II	Int-2	90	1 / 1 / 1	n/a	FR

Fortsetzung von Tabelle 3.1: Patientencharakteristika

Nr.	Genus	Alter	WHO	IPSS	Thrombozyten [x 10⁹/L]	Zytomorphologie[1] a / b / c	MPV[2] [fL]	Experiment[3]
20	m	75	RARS-T	Low	385	0 / 1 / 1	9,0	AG
21	m	69	CMML I	Low	73	0 / 0 / 0	11,9	FL, AG
22	m	81	RAEB II	High	103	0 / 1 / 1	10,9	AG
23	m	61	RCMD	Low	271	0 / 1 / 0	9,5	AG
24	m	52	RAEB I	Int-1	167	1 / 0 / 1	9,4	AG
25	m	77	RCMD	Int-1	46	0 / 1 / 0	12,7	FL, AG
26	m	72	RCMD	Low	159	0 / 1 / 0	11,9	AG
27	w	55	RAEB I	Int-2	48	0 / 0 / 1	12,5	AG
28	w	60	RARS	Low	181	1 / 1 / 1	11,1	AG
29	w	82	RCMD-RS	Low	403	0 / 0 / 1	10,8	AG
30	w	78	RCMD	Int-1	83	0 / 0 / 1	9,1	AG
31	w	66	RCMD	Low	285	1 / 1 / 1	12,2	AG
32	w	78	CMML I	Int-1	157	0 / 0 / 1	11,0	AG
33	w	68	RAEB II	Int-2	78	1 / 1 / 1	12,0	AG
34	w	58	RCMD-RS	Low	278	0 / 1 / 1	11,2	AG
35	m	72	RCMD	Int-1	76	0 / 0 / 1	9,9	AG
36	m	56	RCMD	Int-1	75	1 / 0 / 0	n/a	AG
37	m	68	RCMD	Low	230	1 / 1 / 0	10,9	AG
38	w	58	RCMD	Low	450	0 / 0 / 0	11,6	FL, AG
39	m	66	RARS	Low	88	1 / 1 / 1	10,2	AG
40	w	60	RCMD	Low	310	1 / 0 / 0	10,1	AG
41	w	67	RCMD-RS	Low	482	0 / 0 / 0	10,6	AG
42	w	77	RCMD-RS	Int-1	98	0 / 0 / 0	11,7	AG
43	w	77	RCMD	Int-1	105	0 / 0 / 1	9,6	AG
44	w	47	RAEB II	High	99	1 / 1 / 0	12,4	AG
45	w	77	CMML I	Int-1	102	0 / 0 / 0	9,1	AG
46	w	80	MDS-U	Int-1	96	n/a	11,7	FL, AG
47	m	60	del(5q)	Low	734	n/a	13,4	AG
48	m	83	del(5q)	Low	81	1 / 1 / 0	11,9	AG
49	m	63	RARS	Low	248	0 / 0 / 0	11,1	AG
50	m	65	RCMD	Int-1	141	1 / 1 / 1	12,0	AG
51	m	69	CMML I	Int-1	283	0 / 1 / 1	10,6	AG

Fortsetzung von Tabelle 3.1: Patientencharakteristika

Nr.	Genus	Alter	WHO	IPSS	Thrombozyten [x 10⁹/L]	Zytomorphologie[1] a / b / c	MPV[2] [fL]	Experiment[3]
52	m	63	RAEB I	Low	76	0 / 0 / 0	10,6	AG
53	w	85	del(5q)	Low	130	1 / 1 / 1	9,4	AG
54	m	70	CMML I	Int-1	74	0 / 0 / 1	12,8	AG
55	m	65	RAEB I	Int-2	77	0 / 0 / 0	n/a	AG
56	w	76	CMML II	Int-1	198	n/a	8,1	AG
57	m	83	RCUD	Low	175	0 / 0 / 0	9,2	AG
58	w	79	del(5q)	Low	214	1 / 0 / 0	12,8	AG
59	m	46	CMML I	Int-1	69	1 / 1 / 0	9,7	FL, AG
60	m	50	RAEB II	Int-2	359	n/a	11,6	AG
61	m	73	CMML I	Low	43	1 / 1 / 0	n/a	FL, AG
62	w	84	RCMD	Int-1	19	0 / 0 / 0	10,6	FL
63	w	80	RCMD-RS	Low	311	1 / 1 / 1	11,3	FL
64	m	60	RAEB I	Int-1	66	1 / 0 / 1	10,1	AG
65	m	80	RAEB II	Int-2	91	0 / 0 / 1	11,0	AG
66	w	71	RCMD	Low	70	1 / 0 / 0	11,9	AG

[1]Zytomorphologische Zeichen megakaryozytärer Dysplasie:
ᵃMikromegakaryozyten / ᵇmononukleäre Zellen / ᶜmehrere einzeln liegende Kernsegmente: 1 = ja, 0 = nein
[2]MPV = (*mean platelet volume*) Mittleres Thrombozytenvolumen in Femtoliter
[3]Experimente: 2D = 2D-DIGE,   FL = Durchflusszytometrische   Aktivierungsstudien, AG = Aggregometrie, FR = FRET, SP = Spreadingverhalten

Die Zugehörigkeit der Patienten zu den verschiedenen WHO-Subtypen des MDS setzt sich wie folgt zusammen. Der Hauptteil der untersuchten Patienten (36%) gehört zur Gruppe der RCMD, gefolgt von RAEB II (15%) und RAEB I (9%). Sechs Patienten (9%) litten zum Zeitpunkt der Probenahme an einer RCMD-RS, vier Patienten (6%) an einer del(5q) und drei Patienten (5%) an einer RARS. Jeweils ein Patient (je 2%) gehört den Gruppen RCUD, RARS-T und MDS-U an. Sieben (11%) bzw. drei Patienten (5%) gehören zu den mittlerweile zu den Myelodysplastischen / Myeloproliferativen Neoplasien gezählten CMML I bzw. CMML II, werden jedoch der Vollständigkeit halber mit eingeschlossen. Die Zugehörigkeit der Patienten zu den Risikogruppen des IPSS zeigt, dass überwiegend Patienten der Niedrig-Risiko-Gruppen eingeschlossen worden sind. So gehören je 38% der eingeschlossenen Patienten zur Niedrigrisiko-Gruppe und zur Gruppe mit Intermediärem Risiko I. Der Anteil Patienten, welche der Gruppe mit Intermediärem Risiko II angehören, beträgt 17%. Hochrisiko-Patienten sind mit 8% vertreten. Das mediane Alter der eingeschlossenen Patienten liegt bei 69 Jahren (Intervall 23-85 Jahre) und sie besitzen im Mittelwert 164.000 Thrombozyten pro µL Blut (Intervall 19.000-734.000/µL). Das Geschlechterverhältnis ist mit 32 Frauen (48%) und 34 Männern (52%) annähernd ausgeglichen. Zytomorphologisch auf Dysplasiezeichen der Megakaryopoiese untersuchte Knochenmarksausstriche zeigen bei jeweils 50% der Patienten Mikromegakaryozyten, mononukleäre Megakaryozyten und/oder Megakaryozyten mit mehreren einzeln liegenden Kernen. Das Mittlere Thrombozytenvolumen (*mean platelet volume,* MPV) der Patienten beträgt durchschnittlich 11,1 fL (Intervall 8,1-13,4 fL), befindet sich also oberhalb der Normwerte von 7,8-11,0 fL. Der Anteil an Patienten, welche ein zu hohes MPV haben, liegt bei 53% (32 von 60 Patienten, bei 6 Patienten liegen die Untersuchungsergebnisse nicht vor). Weiterhin sind Knochenmarksbiopsate der Patienten im Rahmen der Diagnosestellung zytogenetisch untersucht worden. Der überwiegende Teil der Patienten (55%) hat einen normalen Karyotyp, 35% zeigen eine isolierte Veränderung und in 10% der untersuchten Proben liegt mehr als eine Veränderung vor. Der genaue Karyotyp der einzelnen Patienten kann *Supplementary Table 1* aus Fröbel et al. 2013[97] entnommen werden. Tabelle 3.1 kann weiterhin entnommen werden, an welchen Patientenproben die jeweiligen Versuche durchgeführt worden sind. So ist der Ausgangspunkt dieses Projektes, die 2D-DIGE mit Thrombozytenlysaten der ersten 7 MDS-Patienten durchgeführt worden. Für durchflusszytometrische Untersuchungen zu Oberflächenrezeptoren, intrazellulärer Kalziumkonzentration, Granula-Ausschüttung und zum Aktivierungszustand der Thrombozyten kamen Proben von insgesamt 12 Patienten zum Einsatz. 5 Thrombozytenproben kamen bei Untersuchungen zur Protein-Protein-Interaktion mittels FRET zum Einsatz und von 4 Thrombozytensuspensionen wurde das Spreadingverhalten mikroskopisch beobachtet. Von immerhin 58 Patienten wurde die Aggregationsfähigkeit der Blutplättchen untersucht. Die Nummerierung der Patienten in Tabelle 3.1 entspricht nicht der Nummerierung in den einzelnen Versuchen.

Die Kontrollproben für sämtliche Versuche wurden von freiwilligen, gesunden Spendern gewonnen, welche zuvor über die Studie aufgeklärt worden waren. Das Probenmaterial wurde ausschließlich nach Unterweisung und Zustimmung der Spender nach den gültigen rechtlichen Richtlinien akquiriert.

3.2 Analyse des MDS-Thrombozytenproteoms

Zur Gewinnung neuer Einblicke in die Pathophysiologie der Thrombozyten-Dysfunktion bei Patienten mit Myelodysplastischen Syndromen wurde das gesamte Proteom der MDS-Thrombozyten mit Hilfe der zweidimensionalen differentiellen Gelelektrophorese (2D-DIGE) analysiert. Anschließend wurde über einen Vergleich mit dem Proteom gesunder Thrombozyten analysiert, im Gehalt welcher Proteine sich die beiden Proteome quantitativ unterschieden. Diese differentiellen Proteinspots wurden aus den Gelen geschnitten, enzymatisch verdaut und massenspektrometrisch analysiert, um die Proteine, für welche diese Spots stehen, zu identifizieren.

3.2.1 Auswertung der 2D-DIGE

Nach der digitalen Auswertung der 2D-Gele konnten im pH-Bereich 4-7 insgesamt 1157 Spots, welche auf mindestens 10 der 14 Gele vorkommen, detektiert werden (Abbildung 3.1). Jeder dieser Proteinspots wurde anschließend mit den für die quantitative Analyse der verschiedenen experimentellen Gruppen aufgestellten Kriterien 1-3 (Kapitel 2.2.4.6) abgeglichen. Dabei konnten für den pH-Bereich 4-7 genau 56 Proteinspots ermittelt werden, welche beim Vergleich mit dem Mittelwert der Gesundproben in mindestens 5 der 7 MDS-Patienten um den Faktor 1,5 signifikant herunter reguliert sind.

Weiterhin konnten 7 Spots lokalisiert werden, welche in den MDS-Patienten eine signifikant höhere Expression aufweisen. Eine Darstellung der differentiellen Spots auf einem repräsentativen Gel des pH-Bereiches 4-7 findet sich in den roten bzw. blauen Markierungen von Abbildung 3.1. Eine Darstellung, in welcher die jeweiligen herunter- und hochregulierten Spots farbig unterschieden sind, kann Fröbel et al. 2013[97] entnommen werden.

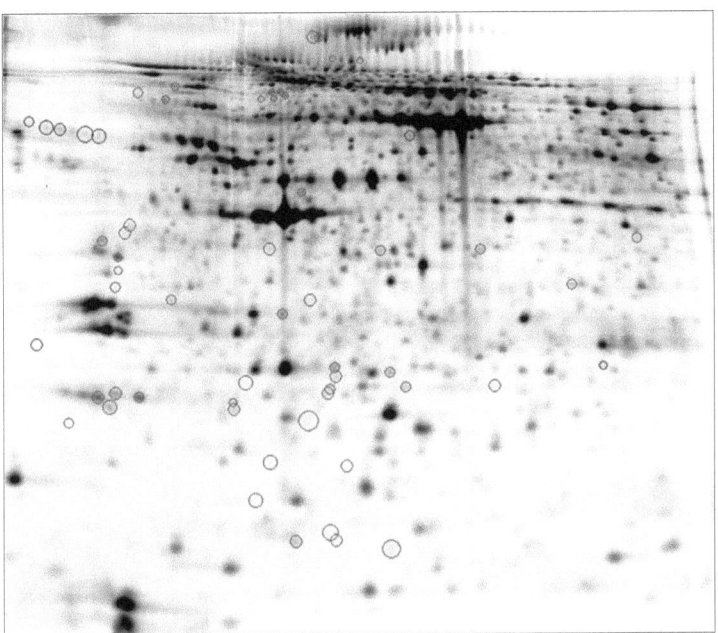

Abbildung 3.1: Repräsentatives 2D-Gel der Thrombozytenlysate im pH-Bereich 4-7. 1157 detektierte Spots, davon 56 in MDS-Thrombozyten herunter, 7 hoch reguliert.

Bei der Auswertung der Gele im pH-Bereich 6-9 nach dem selben Prinzip konnten insgesamt 492 Spots auf mindestens 10 der 14 Gele detektiert werden (Abbildung 3.2). Nach der quantitativen Analyse der experimentellen Gruppen und dem Abgleich aller detektierten Spots mit den drei Kriterien zur differentiellen Expression sind 45 Proteinspots in mindestens 5 der 7 MDS-Patienten um den Faktor 1,5 signifikant niedriger exprimiert als im Mittelwert der Gesundproben. Weitere 12 Spots konnten lokalisiert werden, welche signifikant höher exprimiert sind. Die Markierungen in Abbildung 3.2 zeigen die Position dieser differentiellen Proteinspots auf einem repräsentativen Gel des pH-Bereiches 6-9. Eine Darstellung, in welcher die jeweiligen herunter- und hochregulierten Spots farbig unterschieden sind, kann Fröbel et al. 2013[97] entnommen werden.

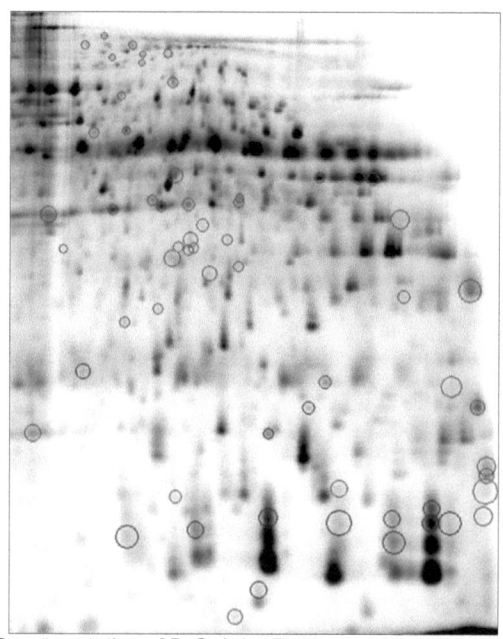

Abbildung 3.2: *Repräsentatives 2D-Gel der Thrombozytenlysate im pH-Bereich 6-9. 492 detektierte Spots, davon 45 in MDS-Thrombozyten herunter, 12 hoch reguliert.*

Somit konnten bei der 2D-DIGE in den beiden pH-Bereichen 4-7 und 6-9 insgesamt 1649 Proteinspots auf mindestens 10 der 14 Gele detektiert werden. Davon entsprechen mit 120 Spots genau 7,3% den zuvor festgelegten Kriterien für eine differentielle Expression. Von diesen zeigt mit 101 Proteinspots (84,2%) der Hauptanteil eine niedrigere Expression in den Thrombozyten der MDS-Patienten. Insgesamt 19 Spots (15,8%) sind in den MDS-Thrombozyten höher exprimiert als in gesunden Blutplättchen.

3.2.2 Identifizierung differentiell exprimierter Proteine

Auf die quantitative Analyse der 2D-Gele folgte die massenspektrometrische Identifizierung der als differentiell eingestuften Proteinspots. Dazu wurden diese aus den Gelen ausgestochen, gewaschen und enzymatisch in Peptidfragmente verdaut. Die dabei entstehenden Peptidgemische jedes einzelnen Spots wurden anschließend massenspektrometrisch analysiert und über einen Vergleich der Massenspektren mit verschiedenen Datenbanken identifiziert.

Nach dieser Prozedur erfüllten von den 120 in beiden pH-Bereichen als differentiell eingestuften Spots insgesamt 35 Proteinspots die zuvor festgelegten Kriterien zur Identifikation eines Proteins, d.h. sie konnten von zwei physikalisch unterschiedlichen Gelen gepickt mit einem MOWSE-Wert größer als 56 und somit einem *p-value* <0,05 identifiziert werden. Die ausführlichen Ergebnisse der einzelnen Schritte der massenspektrometrischen Analyse werden im folgenden exemplarisch für einen identifizierten Proteinspot dargestellt. Die nachfolgende Abbildung 3.3 zeigt das annotierte und kalibrierte Massenspektrum für den Spot 3b, der aus dem 2D-Gel Nr. 2665 ausgeschnittenen wurde.

Bei der massenspektrometrischen Analyse der verdauten Peptidfragmente des Proteins, welches durch den Spot 3b dargestellt wird, konnten 85 Peaks verschiedener Masse-zu-Ladungs-Verhältnisse (m/z) detektiert werden (ausgehend von überwiegend einfach geladenen Ionen, welche beim Prozess des MALDI entstehen[95], wird im Weiteren m/z mit Peakmasse gleichgesetzt). Der darauffolgende Abgleich mit dem humanen Subset der Swissprot Datenbank erzielte 59 Übereinstimmungen der gemessenen m/z mit den kalkulierten Peptidmassen eines *in silico* unter den selben Bedingungen verdauten Proteins, welche in Tabelle 3.2 aufgeführt sind.

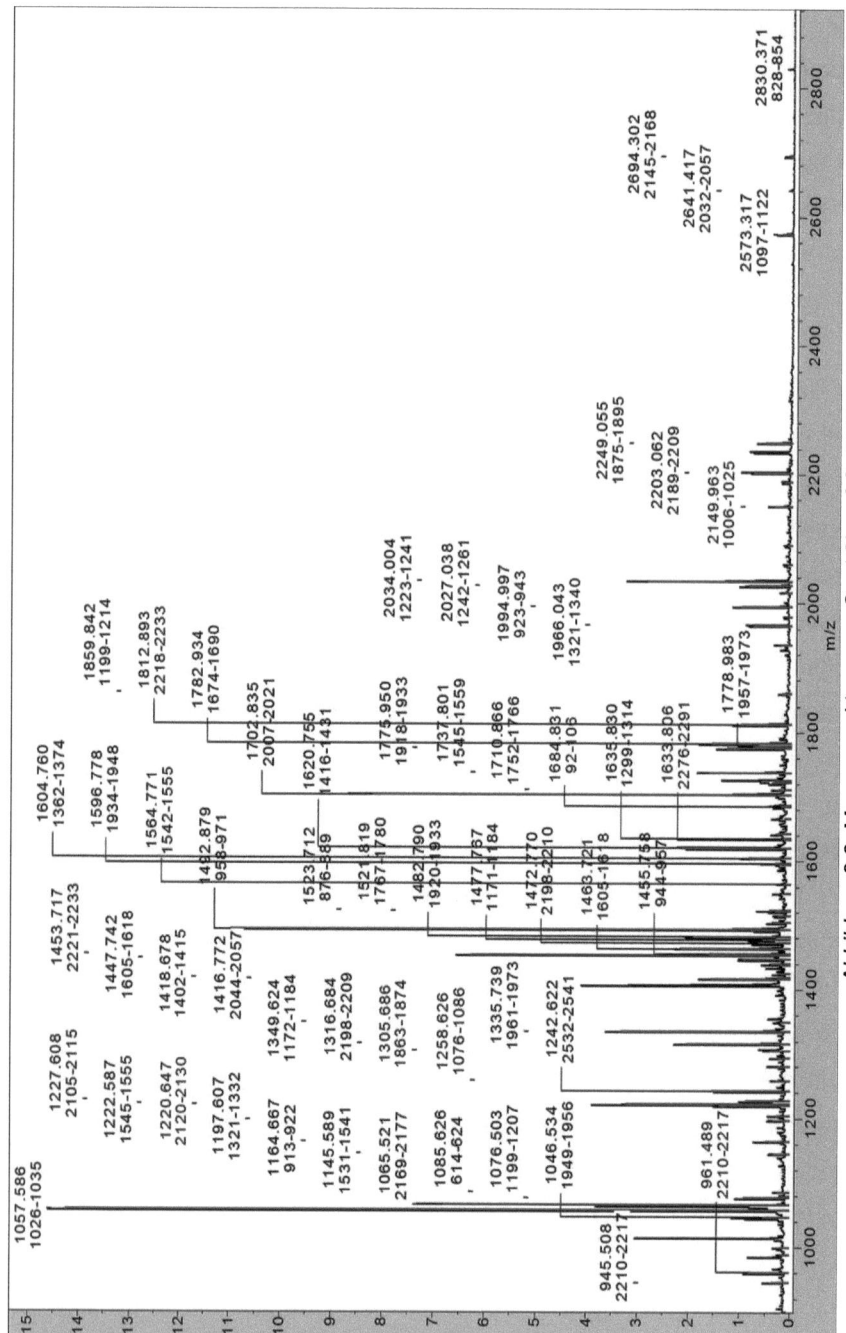

Abbildung 3.3: Massenspektrum von Spot 3b auf Gel 2665

Tabelle 3.2: Übereinstimmende Peptidmassen des Spot 3b von Gel 2665

Peak	m/z gemessen	m/z kalkuliert	Abw.[1] [Da]	Abw.[1] [ppm]	AS-Sequenz-Abdeckung	AS-Sequenz[2]
2	890,456	890,440	0,016	18,347	1949 – 1955	ELIECAR
3	945,508	945,530	-0,022	-23,312	2210 – 2217	RAIADMLR
4	961,489	961,525	-0,036	-37,337	2210 – 2217	RAIADMLR
7	1046,534	1046,541	-0,007	-6,636	1949 – 1956	ELIECARR
8	1057,586	1057,600	-0,014	-13,314	1026 – 1035	NLGTALAELR
9	1065,521	1065,521	0,000	0,000	2169 – 2177	TSTPEDFIR
10	1076,503	1076,498	0,006	5,186	1199 – 1207	CVSCLPGQR
12	1085,626	1085,631	-0,005	-5,032	614 – 624	GLAGAVSELLR
13	1145,589	1145,616	-0,027	-23,635	1531 – 1541	EVANSTANLVK
14	1164,667	1164,685	-0,018	-15,295	913 – 922	LVQRLEHAAK
15	1197,607	1197,647	-0,040	-33,584	1321 – 1332	ALSTDPAAPNLK
17	1220,647	1220,692	-0,045	-36,687	2120 – 2130	VMVTNVTSLLK
18	1222,587	1222,570	0,018	14,373	1545 – 1555	ALDGAFTEENR
19	1227,608	1227,637	-0,029	-23,328	2105 – 2115	VGDDPAVWQLK
20	1242,622	1242,611	0,010	8,455	2532 – 2541	FLPSELRDEH
21	1258,626	1258,671	-0,045	-35,992	1076 – 1086	LKPLPGETMEK
24	1305,686	1305,708	-0,023	-17,411	1863 – 1874	AIAVTVQEMVTK
25	1316,684	1316,680	0,004	2,982	2198 – 2209	QEDVIATANLSR
26	1335,739	1335,749	-0,010	-7,840	1961 – 1973	VSHVLAALQAGNR
27	1349,624	1349,619	0,005	3,447	1172 – 1184	AAGHPGDPESQQR
28	1416,772	1416,780	-0,009	-6,043	2044 – 2057	LAQAAQSSVATITR
29	1418,678	1418,731	-0,052	-36,918	1402 – 1415	VLGEAMTGISQNAK
33	1447,742	1447,757	-0,015	-10,447	1605 – 1618	TMLESAGGLIQTAR
34	1453,717	1453,707	0,010	6,712	2221 – 2233	EAAYHPEVAPDVR
35	1455,758	1455,762	-0,005	-3,262	944 – 957	ASAGPQPLLVQSCK
36	1463,721	1463,752	-0,032	-21,698	1605 – 1618	TMLESAGGLIQTAR
37	1472,770	1472,782	-0,011	-7,517	2198 – 2210	QEDVIATANLSRR
38	1477,767	1477,714	0,053	35,770	1171 – 1184	KAAGHPGDPESQQR
39	1482,790	1482,773	0,016	10,915	1920 – 1933	VQELGHGCAALVTK
40	1492,879	1492,885	-0,005	-3,541	958 – 971	AVAEQIPLLVQGVR
43	1521,819	1521,852	-0,034	-22,180	1767 – 1780	TLAESALQLLYTAK
44	1523,712	1523,683	0,029	18,951	876 – 889	GAAAHPDSEEQQQR
46	1564,771	1564,797	-0,026	-16,394	1542 – 1555	TIKALDGAFTEENR
48	1596,778	1596,769	0,009	5,656	1934 – 1948	AGALQCSPSDAYTKK
49	1604,760	1604,770	-0,009	-5,783	1362 – 1374	ECDNALRELETVR
50	1620,755	1620,786	-0,031	-19,338	1416 – 1431	NGNLPEFGDAISTASK
51	1633,806	1633,847	-0,040	-24,761	2276 – 2291	VAGSVTELIQAAEAMK
52	1635,830	1635,873	-0,044	-26,753	1299 – 1314	AQVVSNLKGISMSSSK
55	1684,831	1684,813	0,017	10,342	92 – 106	MLDGTVKTIMVDDSK
57	1702,835	1702,839	-0,004	-2,534	2007 – 2021	EGTETFADHREGILK
58	1710,866	1710,884	-0,018	-10,801	1752 – 1766	TLSHPQQMALLDQTK
61	1737,801	1737,797	0,003	1,966	1545 – 1559	ALDGAFTEENRAQCR

Fortestzung von Tabelle 3.2: Übereinstimmende Peptidmassen des Spot 3b von Gel 2665

Peak	m/z gemessen	m/z kalkuliert	Abw.[1] [Da]	Abw.[1] [ppm]	AS-Sequenz-Abdeckung	AS-Sequenz[2]
62	1775,950	1775,933	0,016	9,208	1918 – 1933	HRVQELGHGCAALVTK
63	1778,983	1778,987	-0,004	-2,158	1957 – 1973	VSEKVSHVLAALQAGNR
64	1782,934	1782,934	0,000	0,000	1674 – 1690	DLDQASLAAVSQQLAPR
65	1812,893	1812,870	0,024	13,002	2218 – 2233	ACKEAAYHPEVAPDVR
66	1859,842	1859,885	-0,043	-22,970	1199 – 1214	CVSCLPGQRDVDNALR
68	1966,043	1966,072	-0,028	-14,333	1321 – 1340	ALSTDPAAPNLKSQLAAAAR
70	1994,997	1995,025	-0,028	-13,985	923 – 943	QAAASATQTIAAAQHAASTPK
72	2027,038	2027,052	-0,013	-6,455	1242 – 1261	LNEAAAGLNQAATELVQASR
73	2034,004	2034,014	-0,010	-5,053	1223 – 1241	LLSDSLPPSTGTFQEAQSR
76	2149,963	2150,022	-0,059	-27,429	1006 – 1025	ASVPTIQDQASAMQLSQCAK
78	2203,062	2203,088	-0,027	-12,094	2189 – 2209	AVAAGNSCRQEDVIATANLSR
79	2249,055	2249,068	-0,013	-5,669	1875 – 1895	SNTSPEELGPLANQLTSDYGR
80	2573,317	2573,332	-0,014	-5,622	1097 – 1122	AVSSAIAQLLGEVAQGNENYAGIAAR
81	2641,417	2641,427	-0,009	-3,528	2032 – 2057	VLVQNAAGSQEKLAQAAQSSVATITR
82	2694,302	2694,356	-0,053	-19,806	2145 – 2168	ALEATTEHIRQELAVFCSPEPPAK
83	2830,371	2830,406	-0,036	-12,653	828 – 854	ILAQATSDLVNAIKADAEGESDLENSR
85	3470,639	3470,744	-0,105	-30,244	1560 – 1593	AATAPLLEAVDNLSAFASNPEFSSIPAQISPEGR

[1]Abweichung des gemessenen Masse-zu-Ladungs-Verhältnis (m/z) vom kalkulierten m/z
[2]Aminosäure-Sequenz nach internationalem Einbuchstabencode (siehe Anhang)

Anhand dieser 59 übereinstimmenden m/z ermittelte die Mascot-Suche, dass mit einem MOWSE-Wert von 419 das massenspektrometrisch vermessene Peptidgemisch des Spots 3b dem Datenbankeintrag TLN_HUMAN (Talin-1, Homo sapiens) entspricht.

Die selbe Analyse für den aus dem Gel Nr. 2656 gepickten Spot 3b ergibt ein Massenspektrum mit 53 annotierten m/z, von denen 47 mit einem Datenbankeintrag übereinstimmen. Das ermittelte Ergebnis der Mascot-Suche lautet auch hier Talin-1, diesmal mit einem MOWSE-Wert von 398. Erst danach erfüllt der differentielle Proteinspot 3b die zuvor festgelegten Kriterien zur Identifizierung und wird als das in MDS-Thrombozyten signifikant niedriger exprimierte Protein Talin-1 bezeichnet.

Nachdem alle 120 differentiellen Spots dieses Verfahren durchlaufen haben, erfüllten 35 Proteinspots (29,2%) die entsprechenden stringenten Identifizierungskriterien und stehen als identifizierte, differentiell exprimierte Proteine fest. Die Positionen der identifizierten Proteine auf den 2D-Gelen beider pH-Bereiche ist Abbildung 3.4 auf der nächsten Seite zu entnehmen, welche je ein repräsentatives 2D-Gel der pH-Bereiche 4-7 und 6-9 zeigt. Eine farbige Darstellung dieser Abbildung kann Fröbel et al. 2013[97] entnommen werden. Die Markierungen stellen wiederum die bei der quantitativen Analyse ermittelten Proteinspots dar, welche in MDS-Thrombozyten verglichen mit gesunden Blutplättchen signifikant verändert sind. Von diesen differentiellen Spots konnten insgesamt 35 Proteinspots mit Hilfe der Massenspektrometrie identifiziert werden, welche in der Abbildung mit Zahlenlabels von 1 bis 16 markiert, welche die verschiedenen identifizierten Proteinspezies repräsentieren. Buchstaben hinter den Zahlen stehen für mehrere identifizierte Spots, die der selben Proteinspezies angehören. Die selbe Nummerierung ist auch in Tabelle 3.3 aufgegriffen, in der die identifizierten, differentiellen Spots beider pH-Bereiche zusammen mit der jeweiligen Proteinspezies aufgeführt sind.

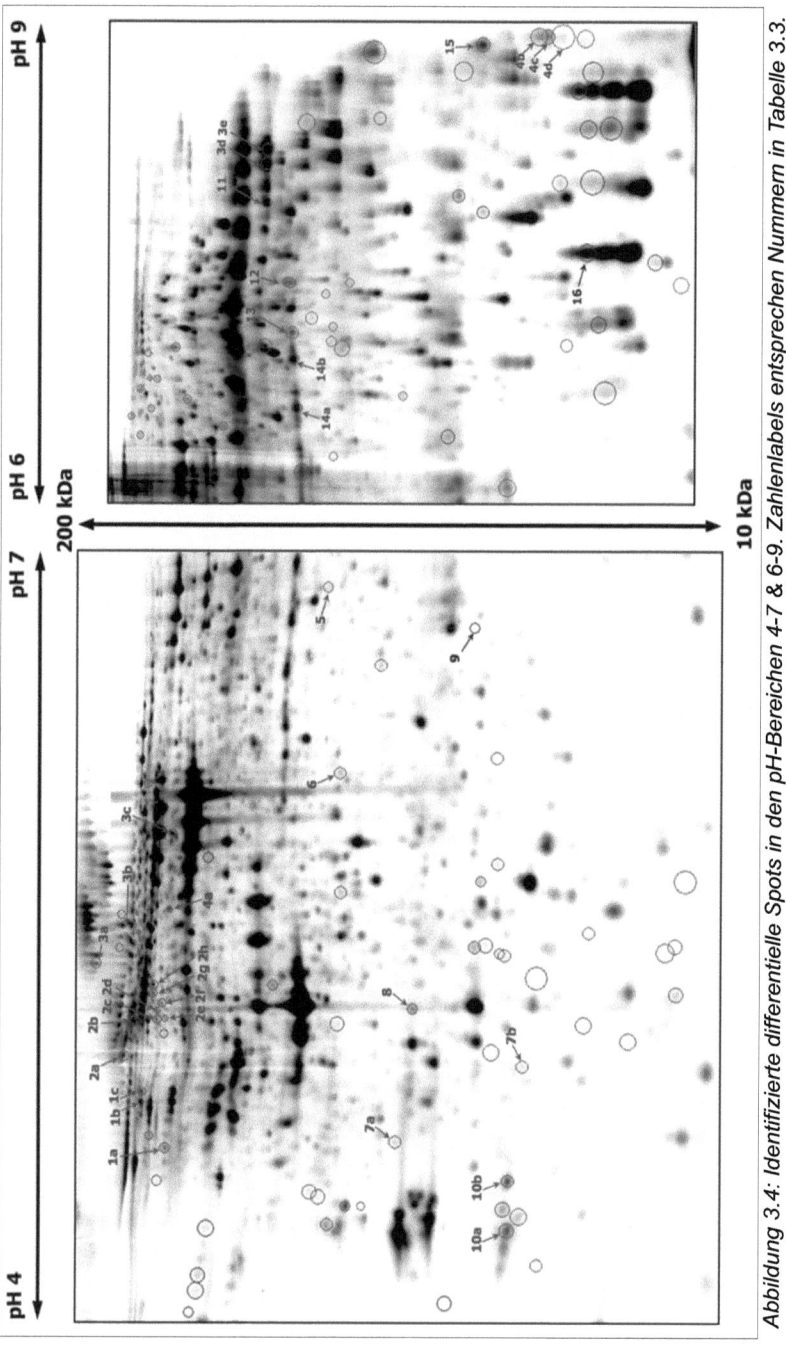

Abbildung 3.4: Identifizierte differentielle Spots in den pH-Bereichen 4-7 & 6-9. Zahlenlabels entsprechen Nummern in Tabelle 3.3.

Tabelle 3.3: Identifizierte differentielle Spots in den pH-Bereichen 4-7 & 6-9

Nr.	Protein	MW[1]	Gesund[2]	MDS[2]	FC[3]	p-value
1a	Filamin-A	283301	0,1254	0,0515	-2,43	0,000009
1b	Filamin-A	283301	0,2053	0,1004	-2,04	0,006578
1c	Filamin-A	283301	0,1310	0,0599	-2,19	0,003582
2a	Myosin-9	227646	0,0675	0,0257	-2,63	0,004491
2b	Myosin-9	227646	0,6042	0,3622	-1,67	0,019720
2c	Myosin-9	227646	0,5107	0,2604	-1,96	0,013282
2d	Myosin-9	227646	0,1421	0,0598	-2,38	0,020173
2e	Myosin-9	227646	0,1304	0,0572	-2,28	0,020416
2f	Myosin-9	227646	0,1026	0,0548	-1,87	0,025893
2g	Myosin-9	227646	0,1688	0,0805	-2,10	0,011641
2h	Myosin-9	227646	0,2767	0,1297	-2,13	0,003862
3a	Talin-1	271766	0,3525	0,1741	-2,02	0,013270
3b	Talin-1	271766	0,3283	0,1223	-2,69	0,019528
3c	Talin-1	271766	0,4103	0,2079	-1,97	0,000318
3d	Talin-1	271766	2,7395	1,3022	-2,10	0,000014
3e	Talin-1	271766	3,0228	1,4448	-2,09	0,000095
4a	Vinculin	124292	0,1102	0,0364	-3,03	0,000000
4b	Vinculin	124292	0,4126	0,1434	-2,88	0,000427
4c	Vinculin	124292	0,4146	0,1396	-2,97	0,000285
4d	Vinculin	124292	0,2606	0,0987	-2,64	0,001262
5	Fibroblast growth factor binding protein	42137	0,0684	0,0272	-2,51	0,039802
6	Kindlin-3 (Fermitin family homolog 3)	76475	0,0664	0,0321	-2,07	0,002287
7a	Actin, cytoplasmic 2	42108	0,0874	0,0403	-2,17	0,003818
7b	Actin, cytoplasmic 1	42052	0,1352	0,0473	-2,86	0,044098
8	Chloride intracellular channel protein 1	27248	0,4149	0,0681	-6,09	0,005478
9	Heat shock protein beta 1	22826	0,0285	0,0714	2,51	0,002229
10a	Myosin regulatory light chain 2, nonsarcomic	19839	0,8381	0,4336	-1,93	0,000007
10b	Myosin regulatory light chain 2, smooth muscle	19871	0,6212	0,2070	-3,00	0,000001
11	Integrin-linked protein kinase	51899	0,8299	0,4089	-2,03	0,000340
12	Fibrinogen alpha chain precursor	95656	0,1414	0,0549	-2,58	0,005281
13	Methionine aminopeptidase 1	44100	0,2179	0,0866	-2,52	0,007359

Fortsetzung von Tabelle 3.3: Identifizierte differentielle Spots in den pH-Bereichen 4-7 & 6-9

Nr.	Protein	MW[1]	Gesund[2]	MDS[2]	FC[3]	p-value
14a	Pleckstrin	40471	0,6820	0,2551	-2,67	0,003865
14b	Pleckstrin	40471	0,6958	0,2313	-3,01	0,001464
15	Cysteine and glycine-rich protein 1	21409	0,9050	0,4449	-2,03	0,000235
16	Hemoglobin subunit beta	16102	0,8877	2,3011	2,59	0,011719

[1] Molekulargewicht in Dalton
[2] Spotintensität Gesund- bzw. MDS-Thrombozytenlysate
[3] *Fold Change* MDS- zu Gesund-Thrombozytenlysate

In Tabelle 3.3 sind alle 35 identifizierten Proteinspots mit Zahlenlabels, die deren Position auf den 2D-Gelen zeigen (Abbildung 3.4), aufgeführt. Die 35 identifizierten Spots repräsentieren 16 verschiedene Proteinspezies, welche der zweiten Tabellenspalte zu entnehmen sind. Weiterhin aufgeführt sind das Molekulargewicht der Proteine, die Mittelwerte der gemessenen Spotintensitäten der Gesund- und MDS-Proben, der mittlere *Fold Change* der einzelnen Proteinspots gegenüber dem Mittelwert der Gesundproben sowie das entsprechende *p-value* des zweiseitig, ungepaarten studentischen t-Test. Auch bei den identifizierten Proteinspezies überwiegen, wie bereits bei den differentiellen Spots, die in MDS-Thrombozyten niedriger exprimierten Proteine.

3.2.3 Interpretation der MS-Ergebnisse

Um einen Zusammenhang der bei der massenspektrometrischen Analyse identifizierten Proteine zueinander und bezüglich ihrer Funktion innerhalb der Thrombozyten herzustellen, wird die Proteinliste mit Hilfe der *Ingenuity Pathway Analysis* (IPA) analysiert. Abbildung 3.5 zeigt das Ergebnis der statistischen Analyse der differentiell exprimierten Proteine mittels IPA.

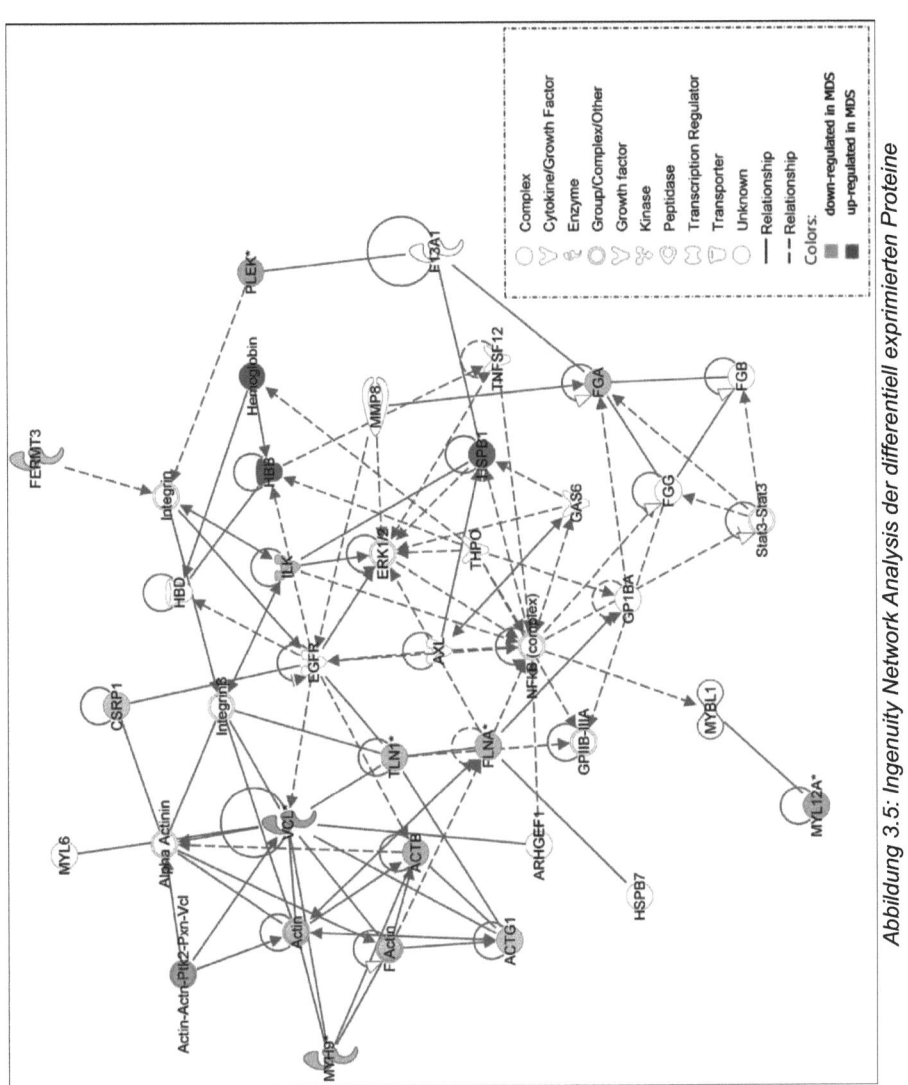

Abbildung 3.5: Ingenuity Network Analysis der differentiell exprimierten Proteine

Durch Abgleich der differentiell exprimierten Proteine mit zahlreichen Onlinedatenbanken errechnet IPA Netzwerke, in denen die identifizierten Proteine in regulatorischen Verbindungen zueinander stehen. Alle 16 identifizierten, differentiell exprimierten Proteine (teils mehrfach vorkommend) sowie eine Vielzahl direkter und indirekter Verbindungen zwischen ihnen konnten in den Datenbanken gefunden werden. Abbildung 3.5 zeigt eine Zusammenführung der drei relevantesten Netzwerke, in denen auf Grundlage der in MDS-Thrombozyten differentiell exprimierten Proteine statistisch signifikante Unterschiede auftreten. Die stärkste regulatorische Wirkung des untersuchten Datensatzes fand IPA im Integrin-Signalweg, in dem 11 der identifizierten Proteinspezies reguliert sind. Die anderen 5 identifizierten Proteine gehören zu verschiedenen funktionellen Gruppen z.b. der zellulären Differenzierung, oder sind nicht näher klassifizierbar.

Diese 11 Proteinspezies, die Teil des Integrin-Signalweges sind, spielen somit eine zentrale Rolle in der Thrombozyten-Aktivierung, Aggregation und Morphologie. Bezogen auf die Anzahl der identifizierten Proteine nimmt diese Gruppe 69% ein, bezogen auf die Anzahl der identifizierten Spots stellen sie sogar 86% aller Identifizierungen dar.

Neun dieser identifizierten Proteine (Talin-1, Kindlin-3, Vinculin, Filamin-A, Pleckstrin, ILK (*Intergin-linked kinase*), Aktin (*Actin*), Myosin-9 und dessen regulatorische Leichtkette 2 (*myosin regulatory light chain 2*; MRLC2)) stehen in Thrombozyten im direkten Zusammenhang mit dem Integrin α_{IIb}/β_3.

Dieser Integrinkomplex, auch als Glykoprotein GPIIb/IIIa bezeichnet, besteht aus den beiden Integrinen α_{IIb} und β_3 und bildet den Fibrinogen-Rezeptor der Zellen. Er ist mit ca. 80.000 Kopien auf der Zellmembran jedes Thrombozyten das am häufigsten vorkommende Integrin auf den Blutplättchen[103]. Bezogen auf die Zelloberfläche der Thrombozyten haben zwei GPIIb/IIIa-Moleküle nur einen Abstand von etwa 20 nm zueinander, was dieses Glykoprotein zu einem der am dichtesten verteilten Adhäsions- und Aggregationsrezeptoren in der gesamten Natur macht[104]. Die regelgerechte Funktion dieses Glykoproteins spielt eine fundamentale Rolle für die Thrombozytenfunktion und ist somit essentiell für die Hämostase[105].

Dieser funktionellen Gruppe sind neben den direkt mit dem GPIIb/IIIa assoziierten Proteinen weiterhin das Cystein-und-Glycin-reiche Protein 1 (CSRP1;

cysteine and glycine-rich protein 1) und das Hitzeschock-Protein beta 1 (HSPB1; *heat shock protein beta 1*; auch HSP27, *heat shock 27kDa protein 1*) zugeordnet.

Betrachtet man nun erneut die Ergebnisse aus Tabelle 3.3, ergibt sich, dass alle identifizierten Proteinspots der direkt mit GPIIb/IIIa assoziierten Gruppe in MDS-Thrombozyten niedriger exprimiert sind als in gesunden Blutplättchen. Die ermittelten *Fold Changes* der einzelnen Spots dieser funktionellen Gruppe gegenüber den Gesundproben liegen zwischen -3,03 und -1,87. Im Mittelwert ist das Vorkommen all dieser Proteinspots in MDS-Thrombozyten über die Hälfte reduziert (*Fold Change* -2,41), was einen möglichen Defekt dieses Signalweges und somit eine verminderte Aktivierungs- und Aggregationsfähigkeit der Thrombozyten vermuten lässt. Eine Analyse dieses Integrin-Signalweges auf die differentiell exprimierten Proteine der MDS-Thrombozyten ist in Abbildung 3.6 auf der nächsten Seite dargestellt.

Die Abbildung zeigt einen ausgewählten Teil von Proteininteraktionen dieses Signalweges. Direkt in Verbindung mit dem Integrin treten dabei die in MDS-Thrombozyten niedriger exprimierten Proteine Vinculin, Talin-1, Filamin-A, Pleckstrin, Kindlin-3 und die ILK. Über Zwischenschritte sind ebenso Aktin, Myosin-9, dessen regulatorische Leichtkette 2 und das HSPB1 mit dem Integrin verbunden. Nachfolgend findet sich eine Aufstellung aller identifizierten Proteine und deren Funktion.

Eines der identifizierten Proteine, welches während der Thrombozyten-Aktivierung direkt an das Integrin α_{IIb}/β_3 bindet, ist das in Thrombozyten in hohen Konzentrationen vorkommende Protein Talin-1. Im Rahmen dieser Arbeit konnten 5 Spots mit einem mittleren *Fold Change* von -2,17 (Intervall -1,97 bis -2,69) als Talin-1 identifiziert werden. Dieses antiparallel, homodimerische Protein besitzt ein Molekulargewicht von 270 kDa und besteht aus einem aminoterminalen 50 kDa großen globulären „Kopf" und einer 220 kDa großen carboxyterminalen Domäne[106]. Im ruhenden, nicht aktivierten Zustand liegt

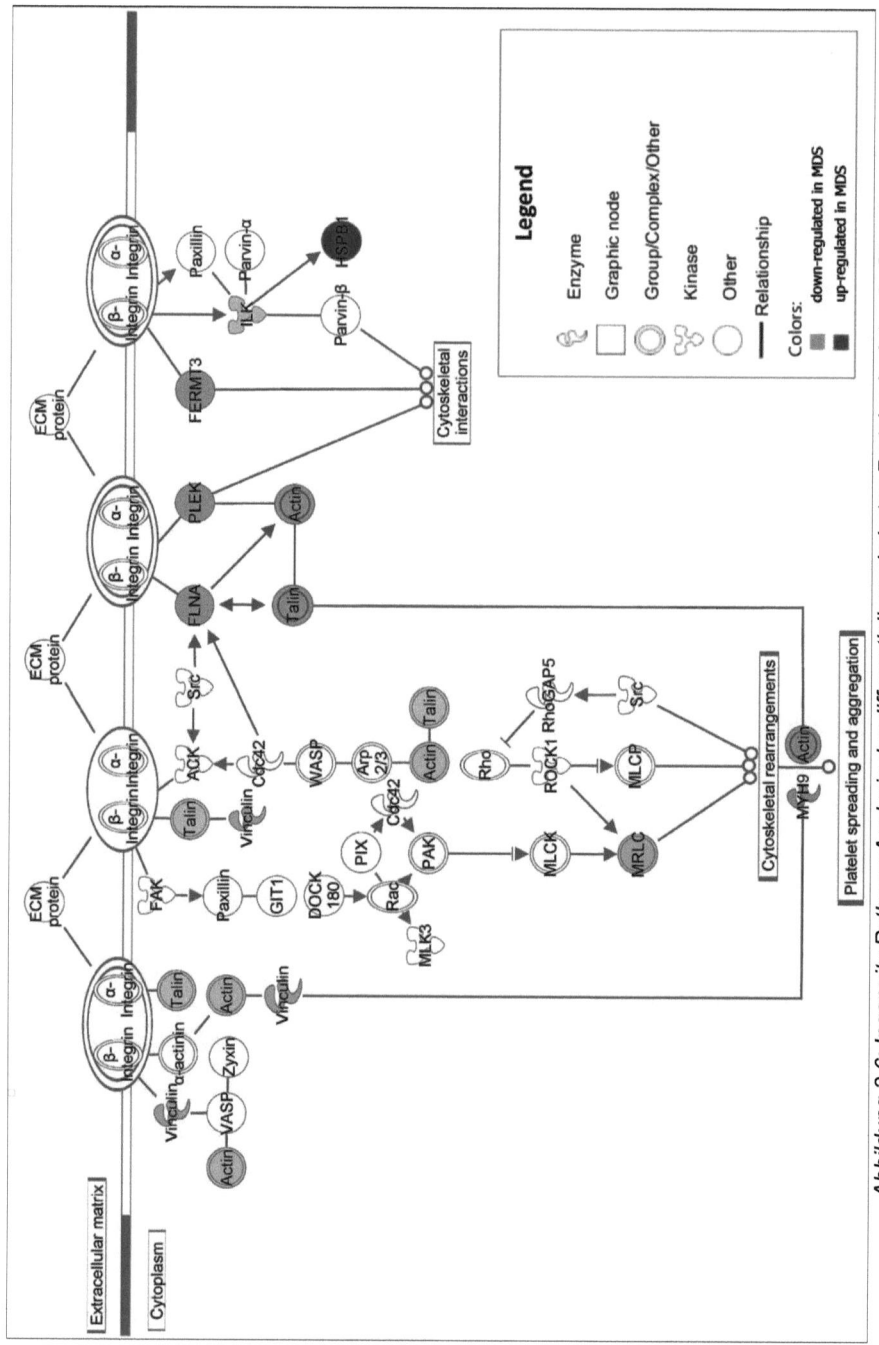

Abbildung 3.6: Ingenuity Pathway Analysis der differentiell exprimierten Proteine im Integrin-Signalweg

Talin-1 im Zytoplasma der Thrombozyten vor. Durch eine Interaktion mit dem Protein RIAM (*Rap1-GTP-interacting adaptor molecule*) wird Talin-1 aktiviert, d.h. die Domäne, mit welcher der Talin-1 Kopf an β-Integrine bindet, wird demaskiert und Talin-1 aus dem Zytoplasma zur Plasmamembran rekrutiert, um dort an das zytosolische Ende der $β_3$-Untereinheit des GPIIb/IIIa zu binden[107]. Diese Bindung führt über die Auflösung einer Salzbrücke zwischen den beiden Integrin-Untereinheiten zu einer Konformationsänderung des Glykoproteins GPIIb/IIIa und somit zu dessen Aktivierung[67,108]. Erst nach diesem Aktivierungsschritt ist das Integrin $α_{IIb}/β_3$ in der Lage Fibrinogen zu binden, wodurch der aktivierte Thrombozyt Brücken zu anderen aktivierten Blutplättchen ausbilden und mit diesen aggregieren kann[109]. Diesen Schritt der Konformationsänderung des Integrins durch die Talin-1-Bindung bezeichnet man als das *inside-out-signaling* der Thrombozyten, da an dieser Stelle die Information bzgl. der Thrombozyten-Aktivierung vom Zellinneren durch die Zellmembran nach außen weitergeleitet wird[110]. Schon mehrere Studien konnten zeigen, dass die Bindung von Talin-1 an die β-Untereinheit des GPIIb/IIIa unabhängig von dem aktivierenden Stimulus oder den bis dahin durchlaufenen Signalwegen den finalen Schritt der Thrombozyten-Aktivierung darstellt und die Thrombozyten von Talin-1 *knock-out* Mäusen nicht in der Lage sind durch Stimulation aktiviert zu werden[68,69,109,111].

Eine ähnliche Rolle wie Talin-1 erfüllt auch das *Fermitin family homolog 3*, besser bekannt als Kindlin-3. Dieses nur in hämatopoietischen Zellen vorkommende Protein aktiviert ebenfalls Integrine durch Bindung an deren β-Untereinheit, lediglich etwas weiter entfernt vom membranständigen Teil des Integrins als Talin-1[112]. Studien zeigten ebenso wie für Talin-1, dass die Aktivierung des GPIIb/IIIa direkt abhängig ist vom Vorhandensein von Kindlin-3. So konnten Thrombozyten von Kindlin-3 *knock-out* Mäusen trotz unverändertem Talin-1-Spiegel nicht aktiviert werden[113]. Im Rahmen dieser Arbeit konnte ein Spot mit einem *Fold Change* von -2,07 als Kindlin-3 identifiziert werden.

Weitere identifizierte in MDS-Thrombozyten signifikant niedriger exprimierte Proteine sind Aktin und Myosin-9 sowie dessen regulatorische Leichtkette 2 (MRLC2; *myosin regulatory light chain 2*). Myosin-9 bildet mit 8 differentiell exprimierten Spots die prominenteste Identifizierung dieses Versuchs (mittlerer *Fold Change* -2,13, Intervall -1,67 bis -2,63). Das Strukturprotein Aktin (2 Spots, mittlerer *Fold Change* -2,52, Intervall -2,17 bis -2,86) bildet den Hauptbestandteil des Zytoskeletts und ist eines der 5 häufigsten Proteine eukaryotischer Zellen. Aktin polymerisiert zu langen Filamenten, den Grundbausteinen des Zytoskeletts zur Stabilisierung der äußeren Zellform[114]. Diese können je nach den aktuellen Erfordernissen dynamisch auf- oder abgebaut werden[115]. Myosin-9, das einzige in Thrombozyten vorkommende Motorprotein, interagiert mit Aktin unter Bildung einer kontraktilen Einheit, analog zu der im Muskel[115]. Durch bestimmte Signale können Kontraktionen dieser Einheit und somit des gesamten Zytoskeletts ausgelöst werden, die einen Gestaltwandel der Thrombozyten bewirken (*spreading*)[116]. Die Bewegung des Myosin-9 entlang der Aktinfilamente wird dabei von der regulatorischen Leichtkette 2 (MRLC2) kontrolliert[117]. MRLC2 konnte im Rahmen dieser Analyse mit 2 Spots und einem mittleren *Fold Change* von -2,47 (Intervall -1,93 bis -3,00) identifiziert werden. Binden Liganden wie Talin-1 an die membranständigen Integrine, werden die Aktinfilamente an diese Stelle rekrutiert[65] und binden an Talin-1, wodurch eine direkte Verbindung der aktivierten Integrine mit dem Zytoskelett ausgebildet wird. Die in der vorliegenden Arbeit gefundene niedrigere Expression dieser Struktur- und Motorproteine deutet auf ein geschwächtes Zytoskelett der MDS-Thrombozyten hin, welches bei Aktivierung schlechter umgebaut werden und weniger kontrahieren kann.

Ein weiteres in MDS-Thrombozyten niedriger exprimiertes Protein dieser Gruppe ist Vinculin, welches sowohl an Talin-1 als auch an Aktinfilamenten bindet, und somit die von Talin-1 initiierte Verbindung zwischen den aktivierten Fibrinogen-Rezeptoren und dem Zytoskelett verstärkt[118,119]. Im Ruhezustand der Thrombozyten liegt Vinculin in einer inaktiven Konformation vor, in der Kopf- und Schwanz-Domänen miteinander interagieren. Erst durch die Bindung an Talin-1 entfaltet sich Vinculin und bildet einen Anker für weitere Aktinfilamente. Dies eröffnet dem Zytoskelett zusätzliche Bindungsmöglichkeiten in der Nähe des aktivierten Integrins[120]. Weiterhin ist Vinculin in der Lage mehrere Aktinfilamente des Zytoskeletts zu einem Strang zu bündeln[121]. Versuche mit shRNA gegen Vinculin sowie mit Vinculin-defizienten Karzinomzellen zeigten bereits eine reduzierte zytoskelettale Mechanik und ein vermindertes Spreadingverhalten dieser Zellen[122,123]. Dieses Protein bildet mit 4 identifizierten Spots und einem mittleren *Fold Change* von -2,88 (Intervall -2,64 bis -3,03) das am stärksten in MDS-Thrombozyten vermindert vorkommende Protein dieser funktionellen Gruppe und verstärkt die Annahme, dass das Zytoskelett der MDS-Thrombozyten weniger auf die Aktivierung reagieren kann.

Eine ähnliche Funktion wie Vinculin besitzt auch das Protein Filamin-A, welches ebenfalls mit einer niedrigeren Expression in MDS-Thrombozyten identifiziert wurde (3 Spots, mittlerer *Fold Change* -2,22, Intervall -2,04 bis -2,43). Filamin-A kann an Integrine binden und Aktinfilamente zu orthogonalen Netzwerken oder parallelen Bündeln vereinen[124-126]. Eine Bindung von Filamin-A an die zytoplasmatische Domäne des Glykoproteins Ib reguliert weiterhin die durch vWF ausgelöste Thrombozytenaktivierung und shRNA gegen Filamin-A induzierte ein schlechtes Spreadingverhalten der untersuchten Zellen[127,128]. Die niedrigere Expression dieses Proteins deutet somit ebenfalls auf eine schlechtere Aktivierbarkeit sowie ein vermindertes Spreadingverhalten der MDS-Thrombozyten hin.

Ein weiteres Protein, welches in der funktionellen Gruppe der Thrombozyten-Aktivierung, Aggregation und Morphologie identifiziert werden konnte, ist die Integrin-gekoppelte Proteinkinase (ILK; *integrin-linked protein kinase*). Diese Serin/Threonin-Kinase bindet an der β-Untereinheit verschiedener Integrine[129], es konnte bisher allerdings *in vivo* noch keine essentielle Kinaseaktivität dieses Proteins nachgewiesen werden. Vielmehr zeigten Studien, dass auch die ILK dazu dient direkt oder indirekt über verschiedene Linkermoleküle wie Vinculin oder Paxillin eine Verbindung zwischen Integrinen und dem Aktinzytoskelett herzustellen[130]. Ein Spot mit einem *Fold Change* von -2,03 wurde in der vorliegenden Arbeit als ILK identifiziert. Diese niedrigere Expression verstärkt erneut die Hypothese des schlechteren zytoskelettalen Umbaus der MDS-Thrombozyten als Antwort auf aktivierende Stimuli.

Ein weiteres in dieser funktionellen Gruppe identifiziertes Protein ist Pleckstrin. Auch dieses ist mit einem mittleren *Fold Change* von -2,84 (2 Spots, Intervall -2,67 bis -3,01) in MDS-Thrombozyten niedriger konzentriert als in gesunden Blutplättchen. Das im Ruhezustand der Thrombozyten als Dimer im Zytoplasma vorliegende Pleckstrin wandert, ähnlich wie Talin-1, bei einer Agonisten-induzierten Aktivierung des Blutplättchens an die Plasmamembran. Dort wird Pleckstrin durch die Proteinkinase C (PKC) phosphoryliert und monomerisiert[131]. Diese Phosphorylierung bildet einen der ersten Schritte der Thrombozyten-Aktivierung[132] und ist Voraussetzung für die molekularen Funktionen von Pleckstrin. Phosphoryliertes Pleckstrin ist an der Zellmembran lokalisiert und induziert eine Reorganisierung des Zytoskeletts, die zur Ausbildung der typischen Zellform aktivierter Blutplättchen führt[133]. Somit bildet auch diese Identifizierung einen weiteren Anhaltspunkt für ein in MDS-Thrombozyten weniger ausgebildetes Aktivierungspotential verbunden mit einer schlechteren Fähigkeit zur zytoskelettalen Reorganisation.

Das letzte in dieser funktionellen Gruppe identifizierte in MDS-Thrombozyten niedriger exprimierte Protein (1 Spot, *Fold Change* -2,03) ist das Cystein-und-Glycin-reiche Protein 1 (CSRP1; *cysteine and glycine-rich protein 1*). Im Nukleus von Zellen vorkommend reguliert es die Transkription sowie die zelluläre Differenzierung. In den kernlosen Thrombozyten kommt jedoch nur die zytoplasmatische Variante dieses Proteins vor, welche dort über die Bündelung von Aktinfilamenten Einfluss auf den Umbau des Zytoskeletts und die zelluläre Formveränderung der Blutplättchen hat[134]. Die niedrigere Expression dieses Proteins in MDS-Thrombozyten verstärkt weiterhin die Annahme des schlechteren zytoskelettalen Umbaus.

Das einzige Protein des Integrin-Signalweges, welches mit einem *Fold Change* von 2,51 eine höhere Expression in MDS-Thrombozyten aufweist, ist das Hitzeschock-Protein beta 1 (HSPB1; *heat shock protein beta 1*; auch HSP27, *heat shock 27kDa protein 1*). Ein Proteinspot konnte als dieses Protein identifiziert werden. Die Hauptfunktion von Hitzeschock-Proteinen ist die regelgerechte Faltung von Proteinen (Chaperonaktivität), weiterhin spielen sie eine Rolle bei der Signaltransduktion, Zellentwicklung und Zelldifferenzierung[135,136]. Häufig findet man allerdings auch hohe Konzentrationen von Hitzeschock-Proteinen in unmittelbarer Nähe zu Strukturproteinen, mit denen sie interagieren[137]. So wird auch HSPB1 bei Thrombin-Stimulation der Thrombozyten phosphoryliert, assoziiert an Aktinfilamente des Zytoskeletts und kontrolliert dort die Aktinpolymerisation während der nachfolgenden Formveränderung und Aggregation der Thrombozyten[138]. Die höhere Expression dieses Proteins in MDS-Thrombozyten bildet von den in diesem Versuchsaufbau erzielten Ergebnissen den einzigen Hinweis auf eine erhöhte Reorganisation des Zytoskeletts oder könnte auf eine erhöhte Aktivität der Proteinfaltungsmaschinerie der MDS-Thrombozyten hindeuten. Diese anukleären Zellen enthalten zwar keine nukleäre DNA, allerdings erhalten sie einen gewissen Satz an mRNA und pre-mRNA aus den Megakaryozyten, von denen sie abgeschnürt werden, wodurch sie auf bestimmte Reize hin in der Lage sind, Proteine neu zu synthetisieren[139,140]. Die erhöhte Expression dieses Proteins könnte somit einen Versuch darstellen, die negativen Effekte der niedriger exprimierten Proteine dieses Signalweges zu kompensieren.

Die weiteren 5 identifizierten Proteine, welche nicht der bisher besprochenen funktionellen Gruppe angehören, repräsentieren mit 31% zwar knapp ein Drittel der identifizierten Proteinspezies, mit je einem identifizierten Spot pro Spezies entspricht ihr Anteil an allen identifizierten Proteinspots jedoch nur 14%. Darunter befindet sich mit der Hämoglobin Untereinheit β das zweite mit höherer Expression in den MDS-Thrombozyten identifizierte Protein, ein Bestandteil des in den Erythrozyten für den Sauerstofftransport zuständigen Hämoglobins. Mit einem *Fold Change* von 2,59 bildet dieses Protein die am stärksten vermehrt vorkommende Proteinspezies, welche in diesem Versuchsansatz identifiziert werden konnte. Das Auffinden von Hämoglobin in einem Proteinlysat aus Thrombozyten deutet im ersten Moment auf eine Verunreinigung des lysierten Zellpellets durch Erythrozyten hin, allerdings wurde das Vorkommen von Hämoglobin in Thrombozyten bereits in anderen Veröffentlichungen bestätigt[141,142]. Eine mögliche Erklärung dafür könnten die MEPs (*megakaryocyte-erythrocyte progenitors*), die gemeinsamen Vorläuferzellen von Erythrozyten und Megakaryozyten während der Hämatopoiese, sein. Eine Funktion für Hämoglobin in Thrombozyten ist jedoch bisher nicht gezeigt worden, so dass das Vorkommen dieses Proteins in Blutplättchen eher ein Artefakt darstellt.

Mit einem *Fold Change* von -2,51 in MDS-Thrombozyten konnte weiterhin das Bindeprotein des Fibroblasten-Wachstumsfaktors (FGF-BP; *fibroblast growth factor binding protein*) identifiziert werden. Dieses Protein wird hauptsächlich während der Embryogenese exprimiert und findet sich normalerweise nicht in adulten humanen Geweben[143]. Mittlerweile wurde es auch in der Epidermis von gesunden Erwachsenen detektiert, wo sein Expressionslevel nach Hautverletzungen bis zum Wundverschluss extrem hoch reguliert ist[144]. In Thrombozyten ist ein Vorkommen dieses Proteins bisher nicht nachgewiesen, es könnte sich also um eine Verunreinigung der Blutproben mit epidermalen Zellen der Einstichstelle handeln.

Der mit einem *Fold Change* von -6,09 in den Blutplättchen der MDS-Patienten am stärksten herunter regulierte Proteinspot wurde als CLIC1 (*chloride intracellular channel protein 1*) identifiziert. Dieses Protein zeigt sowohl in der Kern- als auch in der Plasmamembran Chloridkanalaktivität und kommt sowohl membranständig als auch nicht membrangebunden in den verschiedensten humanen Zellen und Zellkompartimenten vor[145,146]. Eine Studie von 2010 zeigte, dass CLIC1 *knock-out* Mäuse eine milde Blutungsneigung sowie eine verminderte Thrombozytenaktivierung und -aggregation als Antwort auf ADP-Stimulation durch dessen Rezeptor $P2Y_{12}$ besitzen[146]. Die niedrigere Expression dieses Proteins in den Thrombozytenlysaten von Patienten mit Myelodysplastischen Syndromen weist somit ebenfalls auf eine verminderte Aktivierungs- und Aggregationsfähigkeit der MDS-Blutplättchen hin.

Weiterhin wurde ein Spot als Vorstufe der Fibrinogen alpha Kette (*Fibrinogen alpha chain precursor*) identifiziert, auch diese mit einer niedrigeren Konzentration in MDS-Thrombozyten (*Fold Change* -2,58). Fibrinogen (Faktor I) wird in den Hepatozyten der Leber gebildet und ins Plasma sekretiert, wo es bei der Blutgerinnung durch Thrombin zu Fibrin gespalten wird und den sich formenden Thrombus stabilisiert. Fibrinogen bildet außerdem den extrazellulären Bindungspartner des in der ersten funktionellen Gruppe der Identifizierungen benannten GPIIb/IIIa (Integrin $α_{IIb}/β_3$). Ähnlich wie bei Hämoglobin konnte jedoch auch für Fibrinogen bisher noch keine physiologische Funktion in Thrombozyten identifiziert werden, es könnte sich also um eine Verunreinigung der Zellpellets, in diesem Fall mit Plasmaproteinen, handeln. Allerdings zeigten die bereits oben benannten Arbeiten, welche das Thrombozytenproteom untersuchten, ebenso das Vorkommen von Fibrinogen in Thrombozyten[141,142].

Als letztes Protein konnte im Rahmen dieses Versuchsaufbaus ein Spot mit einem *Fold Change* von -2,52 als Methionin-Aminopeptidase 1 (METAP1) identifiziert werden. Dieses Enzym prozessiert Proteine bereits während der Translation, indem es deren N-terminales Methionin, welches durch das Startcodon AUG vorgegeben ist, abspaltet[147]. 50-70% aller Proteine bedürfen dieser Prozessierung, um ihre native, funktionelle Form zu erreichen[148]. Auch dieses Protein ist in den MDS-Thrombozyten niedriger konzentriert als in gesunden Blutplättchen und könnte bei einer durch Aktivierung der Blutplättchen induzierten Translation zusätzlich benötigter Proteine dazu beitragen, dass die neu synthetisierten Proteine in den MDS-Thrombozyten nicht in ihre endgültige funktionelle Form prozessiert werden.

3.2.4 Immunologische Analyse ausgewählter Proteine

Die anhand der 2D-DIGE und anschließender massenspektrometrischer Analyse ermittelten Unterschiede im Proteingehalt gesunder und MDS-Thrombozyten wurden im Anschluss mit Hilfe von immunologischen Untersuchungen per Western Blot überprüft. Die Ergebnisse sind in Abbildung 3.7 dargestellt.

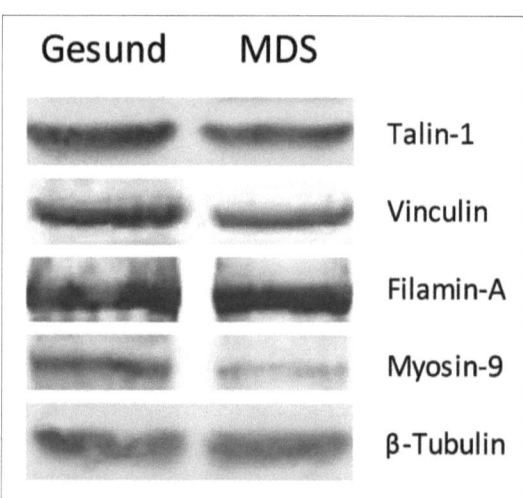

Abbildung 3.7: Immunologische Analyse des Proteingehalts ausgewählter MS-Ergebnisse sowie ß-Tubulin als Ladungskontrolle in Proteinlysaten gesunder und MDS-Thrombozyten mittels Western Blot.

Abbildung 3.7 zeigt die immunologische Analyse mittels Western Blot von Talin-1, Vinculin, Filamin-A und Myosin-9 sowie β-Tubulin als Ladungskontrolle in einem Pool von je 5 Proteinlysaten aus MDS-Thrombozyten (rechts) und Blutplättchen gesunder Spender (links). Eine Pixeldichtenmessung der Western Blots ergab unveränderte Mengen an β-Tubulin, was bestätigt dass gleiche Proteinmengen beider Lysate aufgetragen wurden. Trotzdem ist die Talin-1 Proteinbande im MDS-Lysat um 23% schwächer ausgeprägt als im Lysat der gesunden Thrombozyten. Ebenso ergab sich eine um 17% schwächere Filamin-A Bande und eine um 42% verminderte Vinculin Bande im Lysat der MDS-Thrombozyten. Dies bestätigt somit die bereits in der 2D-DIGE Analyse mit anschließender massenspektrometrischer Identifizierung gefundene Reduktion dieser Proteine in den MDS-Thrombozyten. Der größte Pixeldichtenunterschied trat bei Myosin-9 auf, dessen Proteinbande in den MDS-Lysaten um 63% schwächer ausgeprägt ist als im Lysat der gesunden Blutplättchen. Dies stellt eine weitere Übereinstimmung mit der 2D-DIGE Analyse dar, denn bereits darin war Myosin-9 die mit 9 niedriger exprimierten Proteinspots prominenteste Identifizierung. Mit Hilfe des immunologischen Nachweises per Western Blot konnte somit der in der 2D-DIGE mit anschließender massenspektrometrischer Analyse identifizierte niedrigere Gehalt von Talin-1, Vinculin, Filamin-A und Myosin-9 mit einer zweiten unabhängigen Methode bestätigt werden.

3.2.5 Diskussion der Proteomics-Daten

Ist ein Thrombozyt erst einmal von dem produzierenden Megakaryozyt abgeschnürt, besitzt er nur noch limitierte Möglichkeiten zur Proteinsynthese. Alle Proteine, die für seine Funktion gebraucht werden, befinden sich bereits zu großen Teilen im Zytoplasma und in den Vesikeln des Blutplättchens. Daher ist die quantitative Untersuchung des Thrombozytenproteoms eine ideale Methode intrinsische Defekte der Blutplättchen, welche zu funktionellen Störungen führen können, zu untersuchen.

Von den insgesamt 35 im Rahmen dieses Projekts identifizierten Proteinspots spielen 86% eine tragende Rolle innerhalb des Aktivierungs- und Aggregationsprozesses der Thrombozyten. Der molekulare Ablauf dieses komplexen

Prozesses der Thrombozyten-Aktivierung über die Aggregation bis zur Thrombus-Bildung, welcher bereits in der Einleitung mit Hilfe von Abbildung 1.5 dargestellt ist, zeigt, dass viele der im Rahmen dieses Projekts identifizierten Proteine Schlüsselrollen im bidirektionalen Signalweg des Integrins $α_{IIb}/β_3$ spielen.

Weiterhin zeigt die quantitative Analyse, dass mit einer Ausnahme (HSPB1) alle daran beteiligten differentiellen Proteine in MDS-Thrombozyten um mehr als die Hälfte niedriger exprimiert sind als in gesunden Blutplättchen. Basierend auf diesen quantitativen Ergebnissen der Proteomanalyse sowie der qualitativen Bedeutung dieser Proteine für den Ablauf der Thrombozyten-Aktivierung, Aggregation und Formveränderung ergeben sich folgende Hypothesen.

Durch das verminderte Vorkommen von Talin-1 und Kindlin-3 in den MDS-Thrombozyten können bei einer Aktivierung der Zellen weniger dieser beiden Proteine zur Plasmamembran rekrutiert und an das zytosolische Ende des Integrin $β_3$ gebunden werden. Dies führt zu einem reduzierten *inside-out-signaling* des Integrins, gleichbedeutend mit einer verringerten Aktivierbarkeit der MDS-Thrombozyten. Durch die daraus resultierende geringere Zahl aktivierter GPIIb/IIIa stehen weniger Bindungsmöglichkeiten für Fibrinogen zur Verfügung, wodurch die Aggregationsfähigkeit der MDS-Thrombozyten verringert wird. Weiterhin ist durch die Reduktion des zellulären Aktinvorkommens das Zytoskelett der MDS-Blutplättchen geschwächt und kann aufgrund der deutlich verringerten Vorräte der Linkerproteine Talin-1, Vinculin, ILK, Filamin-A und Pleckstrin nicht genügend in Richtung der aktivierten Integrine umgebaut werden. Letztlich führt schließlich der Mangel an Myosin-9 und dessen regulatorischer Leichtkette 2 zu einer schwächer ausgeprägten Kontraktionsfähigkeit des ohnehin geschwächten Zytoskeletts, wodurch die Formveränderung und Verzahnung der Thrombozyten reduziert ist.

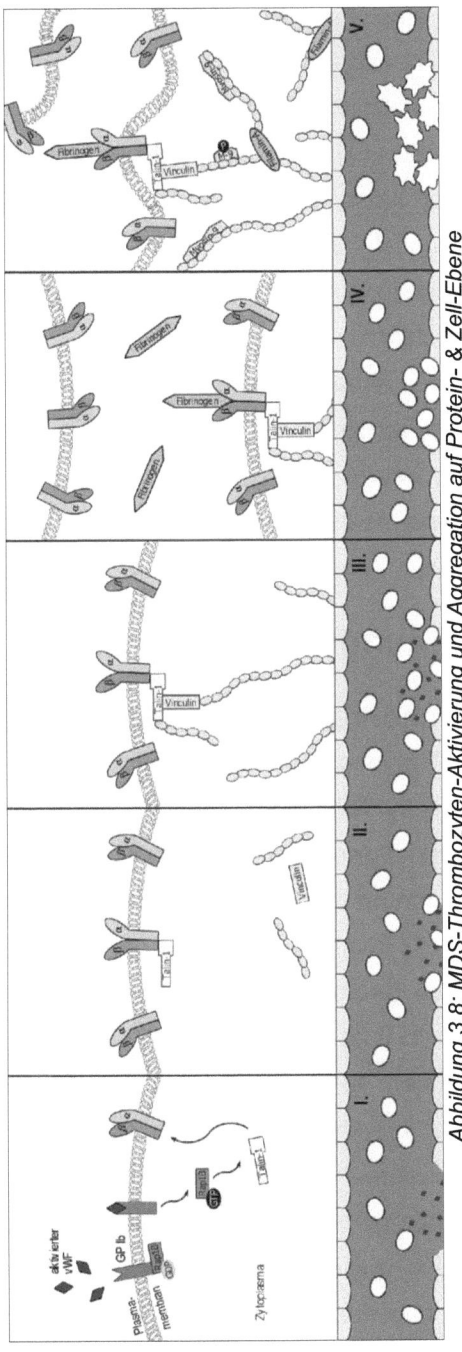

Abbildung 3.8: MDS-Thrombozyten-Aktivierung und Aggregation auf Protein- & Zell-Ebene

Abbildung 3.8 verdeutlicht die Konsequenz dieser Hypothesen für die Aktivierung und Aggregation der MDS-Thrombozyten auf Protein- und Zellebene noch einmal in den selben 5 Schritten, welche für den normalen Ablauf dieser Reaktion in gesunden Thrombozyten bereits in Kapitel 1.3.4 erklärt sind. Prinzipiell laufen bei dem Aktivierungs- und Aggregationsprozess in MDS-Blutplättchen (Abbildung 3.8) die selben Schritte I.-V. wie in gesunden Thrombozyten (Abbildung 1.5) ab. Allerdings steht weniger zytoplasmatisch vorliegendes Talin-1 zur Verfügung, welches an die Plasmamembran rekrutiert werden kann (I.). Somit können weniger Fibrinogenrezeptoren in eine aktive Konformation gebracht werden (II.) resultierend in einem schwächer ausgeprägten *inside-out-signaling*. Zur Verbindung der aktivierten Membranrezeptoren mit dem Zytoskelett (III.) stehen in den MDS-Thrombozyten weniger Linkerproteine (Vinculin, ILK, Pleckstrin, Filamin-A) zur Verfügung. Außerdem bedeuten weniger aktivierte GPIIb/IIIa-Moleküle eine verringerte Zahl extrazellulärer Bindungsmöglichkeiten für Fibrinogen (IV.) und somit weniger Brückenbildung mit anderen aktivierten Thrombozyten. Letztlich schwächt die geringe Zahl gebundener Fibrinogen-Moleküle das *outside-in-signaling* der MDS-Thrombozyten und die geringe Konzentration an Aktin, Myosin-9 sowie der MRLC2 führt nur unzureichend zum Gestaltwandel (*spreading*) der MDS-Blutplättchen (V.), wodurch diese sich nicht ausreichend mit anderen Thrombozyten verzahnen können um die Verletzung sicher zu verschließen.

Diese hypothetischen Schwachstellen des Aktivierungsprozesses, der Aggregationsfähigkeit und der Formveränderung der MDS-Thrombozyten wurden mit Hilfe funktioneller Untersuchungen, welche an genau diesen Stellen angreifen, überprüft. Die Ergebnisse dieser Tests sind in den folgenden Abschnitten dargestellt.

3.3 Funktionelle Untersuchungen

3.3.1 Thrombozyten-Oberflächenrezeptoranalyse

Der Aktivierungsprozess, welchen die Thrombozyten durchlaufen, startet mit dem Signal, welches von der verwundeten Stelle in Form von Agonisten ins Blut abgegeben wird, die von den Thrombozyten erkannt werden. Die Agonisten werden von thrombozytären Membranglykoproteinrezeptoren gebunden, welche das Aktivierungssignal durch die Zellmembran ins Zellinnere weitergeben. Wichtige Adhäsionsrezeptoren der Thrombozyten für primäre Aktivierungssignale sind z.B. der Glykoprotein-Ib-V-IX-Komplex (GPIb-V-IX) als Rezeptor für vWF, die Kollagen-Rezeptoren GPVI und GPIa/IIa sowie die Thrombinrezeptoren PAR-1 und PAR-4. Veränderte Expressionslevel der Rezeptoren können sich direkt auf die Aktivierbarkeit der Blutplättchen auswirken wie etwa beim Bernard-Soulier-Syndrom, bei dem ein Mangel oder eine Dysfunktion des GPIb-V-IX vorliegt[149]. Es existieren daneben noch Rezeptoren für sekundäre Signale, wie der Fibrinogenrezeptor GPIIb/IIIa oder die purinergen Rezeptoren P2Y$_1$ und P2Y$_{12}$ für ADP, deren Agonisten nach der primären Aktivierung aus den thrombozyteneigenen Granula freigesetzt werden und deren Aktivierung das primäre Signal verstärkt. Auch verminderte Expressionslevel dieser Rezeptoren wurden bereits mit Störungen der thrombozytären Hämostase wie verlängerter Blutungszeit in Verbindung gebracht. Die Überprüfung der von uns aufgestellten Hypothese zur schlechteren Aktivierbarkeit der MDS-Thrombozyten aufgrund eines geschwächten Integrin-*signalings* erfordert somit zuerst eine Untersuchung der Expressionslevel der Oberflächenrezeptoren für primäre und sekundäre Aktivierung der Blutplättchen, um eine reduzierte Aktivierbarkeit, die bereits an dieser Stelle der Signalkaskade auftritt, auszuschließen. Dazu wurde citrat-antikoaguliertes Vollblut der MDS-Patienten durchflusszytometrisch untersucht und mit dem gesunder Spender verglichen. Abbildung 3.9 zeigt die *gating*-Strategie, welche angewendet wurde, um innerhalb der Zellpopulationen des Vollblutes gezielt Thrombozyten zu untersuchen.

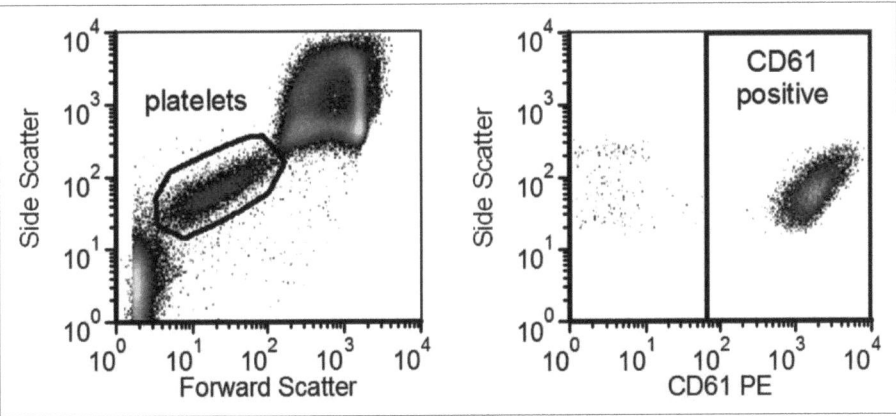

Abbildung 3.9: Durchflusszytometrische Analyse von Thrombozyten in Vollblutproben

Abbildung 3.9 zeigt links den SSC-gegen-FSC-Plot von antikoaguliertem Vollblut. Es sind verschiedene Punktwolken zu erkennen, welche morphologisch ähnliche Zellpopulationen darstellen, die sich voneinander jedoch hinsichtlich ihrer Größe und Granularität unterscheiden. Unten links treten dabei die kleinen und wenig granulären Zelltrümmer in Erscheinung, oben rechts die größeren, stark granulierten Leukozyten und Erythrozyten. Dazwischen fällt eine weitere homogene Punktwolke, deren Zellpopulation durch Bestimmung des Markerproteins CD61 im rechten Plot als Thrombozyten identifiziert werden konnte. Für die anschließende Analyse weiterer Merkmale der Thrombozyten wurde diese Zellpopulation selektiert (links: *platelets*), auf ihren Gehalt an CD61 untersucht (rechts: *CD61 positive*) und nur Zellen, welche beiden Kriterien entsprachen, weiter untersucht. Diese *gating*-Strategie wurde für alle durchflusszytometrischen Untersuchungen an Thrombozyten aus Vollblut angewendet, beispielsweise zur Bestimmung der Expressionslevel der thrombozytären Oberflächenrezeptoren, deren Ergebnisse in Abbildung 3.10 dargestellt sind.

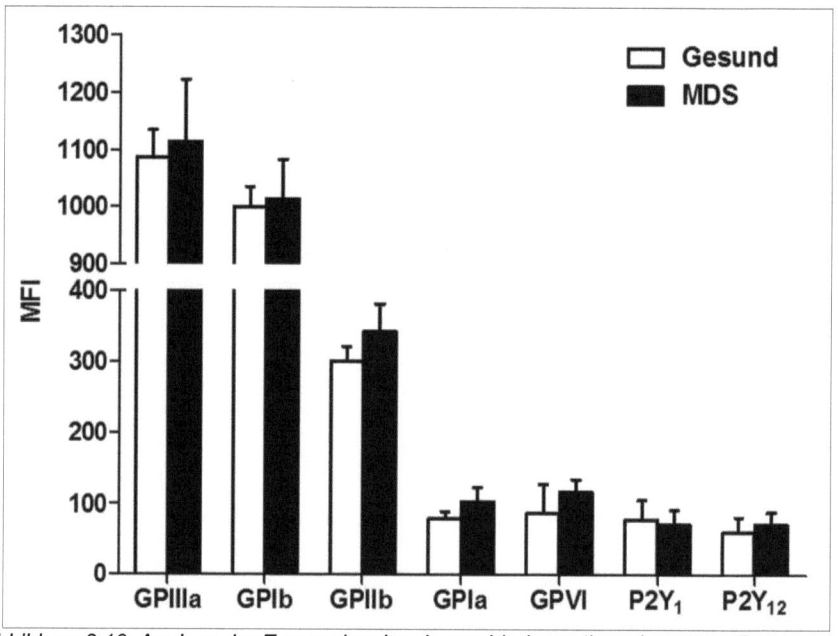

Abbildung 3.10: Analyse der Expressionslevel verschiedener thrombozytärer Rezeptoren

Abbildung 3.10 zeigt die Mittelwerte der MFI (*mean fluorescence intensity*) verschiedener thrombozytärer Oberflächenrezeptoren von jeweils 10 Gesundspendern und MDS-Patienten, deren Thrombozyten zuvor mittels der oben beschriebenen *gating*-Strategie aus den Zellen im Vollblut selektiert worden sind. Zum Einen ist die Expression des Fibrinogenrezeptors GPIIb/IIIa (erstes und drittes Säulenpaar) untersucht worden, welcher mit ca. 80.000 Kopien pro Thrombozyt den am häufigsten vorkommenden Rezeptor darstellt und über 90% des Integrinpools eines Blutplättchens bildet[103]. Die beiden Untereinheiten dieses Rezeptors, die Integrine $α_{IIb}$ (GPIIb) und $β_3$ (GPIIIa) sind in gesunden Thrombozyten mit einer mittleren MFI von 1087,26±44,07 und 300,81±21,46 sowie in MDS-Thrombozyten mit 1114,01±98,12 und 342,79±38,39 gemessen worden. Hierbei konnten keine signifikanten Unterschiede zwischen gesunden Blutplättchen und denen von MDS-Patienten festgestellt werden (p=0,84 und 0,40). Weiterhin ist das Vorkommen des vWF-Rezeptors GPIb untersucht worden (zweites Säulenpaar), der mit ca. 25.000 Kopien den zweithäufigsten Adhäsionsrezeptor der Thrombozyten darstellt. Auf gesunden Blutplättchen ist dieser in der vorliegenden Versuchsreihe mit einer mittleren MFI von 999,86±35,18 vertreten, in MDS-Thrombozyten mit 1013,12±66,67. Auch hier fanden sich keine signifikanten Unterschiede zwischen MDS und gesund (p=0,88). Mit deutlich weniger Kopien pro Zelle (etwa je 1.000) sind die Rezeptoren für Kollagen (GPIa und GPVI) und ADP ($P2Y_1$ und $P2Y_{12}$) auf der Thrombozytenoberfläche vertreten. Dies zeigt sich gleichermaßen in den gemessenen niedrigeren MFI dieser Rezeptoren, dargestellt jeweils im vierten bis siebten Säulenpaar. Mit einer mittleren MFI von 79,48±9,68 und 87,75±37,70 in gesunden Thrombozyten sowie 103,30±19,65 und 116,89±17,79 in MDS-Thrombozyten zeigen die Expressionslevel von GPIa und GPVI wiederum keine signifikanten Unterschiede zwischen den beiden untersuchten Gruppen (p=0,35 und 0,48). Gleiches gilt für die beiden purinergen Rezeptoren $P2Y_1$ und $P2Y_{12}$ mit einer mittleren

MFI 77,77±25,97 und 60,53±19,67 in gesunden Thrombozyten sowie 70,96±20,73 und 71,37±17,12 in MDS-Thrombozyten (p=0,84 und 0,69). Insgesamt zeigen alle untersuchten Oberflächenrezeptoren eher eine leicht erhöhte MFI in den MDS-Thrombozyten, was auf eine normale Anzahl der jeweiligen Oberflächenrezeptoren schließen lässt.

Ausgehend von Veröffentlichungen, die ein erhöhtes mittleres Thrombozyten-Volumen (MPV) von MDS-Blutplättchen und somit „Riesenthrombozyten" oder „Ballon-ähnliche Thrombozyten" beschreiben[150] und dem gemessenen erhöhten MPV (>11 fl) der meisten im Rahmen der vorliegenden Arbeit untersuchten MDS-Patienten, wurde ebenso die Größe der Thrombozyten mit Hilfe des FSC im FACS bestimmt. Der Quotient aus MFI der Oberflächenrezeptoren und FSC der Thrombozytenpopulation gibt die Verteilungsdichte der jeweiligen Rezeptoren auf der Zelloberfläche der Blutplättchen an und ist für die untersuchten 10 MDS-Patienten und Gesundspender in Abbildung 3.11 dargestellt.

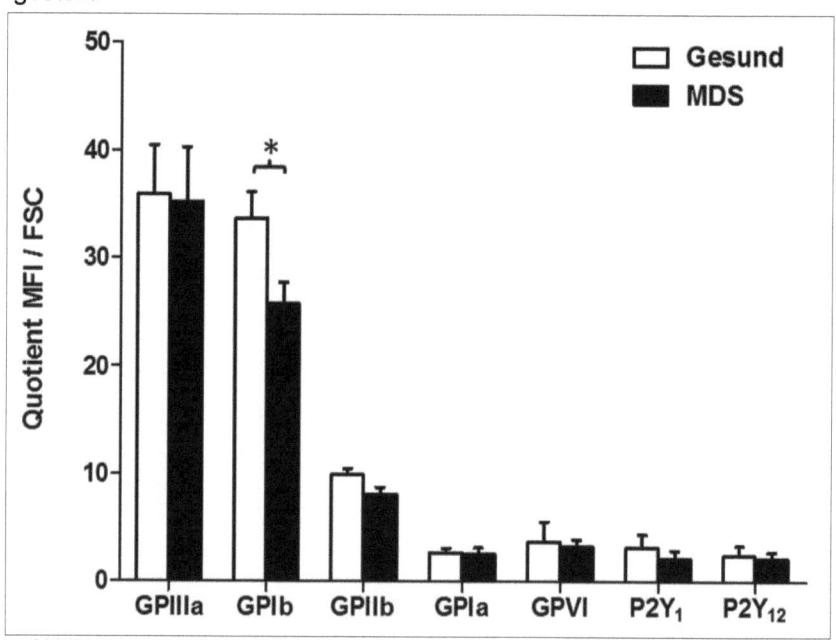

Abbildung 3.11: Analyse der Oberflächendichte der thrombozytären Rezeptoren

Abbildung 3.11 zeigt die Mittelwerte der Verteilungsdichte der thrombozytären Oberflächenrezeptoren gebildet aus der gemessenen MFI des jeweiligen Rezeptors und der mittels FSC bestimmten Größe der Thrombozyten aller 10 untersuchten Gesundspender und MDS-Patienten abgebildet in der selben Reihenfolge wie in Abbildung 3.10. Die im ersten und dritten Säulenpaar dargestellten Untereinheiten des Fibrinogenrezeptors, die beiden Kollagenrezeptoren (viertes und fünftes Säulenpaar) sowie die beiden purinergen Rezeptoren für ADP (sechstes und siebtes Säulenpaar) zeigen in ihrer Verteilungsdichte auf der Thrombozytenoberfläche keine signifikanten Unterschiede zwischen den gemessenen Gesundspendern und MDS-Patienten (GPIIIa: 35,89±4,28 gesund vs. 35,21±5,04 MDS, p=0,92; GPIIb: 9,90±0,60 vs. 9,40±1,36, p=0,74; GPIa: 2,70±0,41 vs. 2,53±0,62, p=0,82; GPVI: 3,67±1,77 vs. 3,30±0,55, p=0,53; $P2Y_1$: 3,14±1,17 vs. 2,15±0,64, p=0,53; $P2Y_{12}$: 2,43±0,84 vs. 2,14±0,51, p=0,80). Die Quotienten und somit die Verteilungsdichte dieser Oberflächenrezeptoren ist somit auf den MDS-Thrombozyten leicht niedriger als auf den gesunden Blutplättchen. Dieses Ergebnis, welches genau konträr zu den in Abbildung 3.10 gezeigten in MDS-Thrombozyten leicht erhöhten MFI-Werten der Rezeptoren und somit deren Anzahl auf der Zellmembran ist, erklärt sich aus den gemessenen FSC-Werten dieser kranken Blutplättchen. Wie bereits die Messung des MPV der untersuchten Patienten zeigte, waren auch die FSC-Werte der MDS-Thrombozyten im Durchschnitt 19% größer als die der gesunden Blutplättchen, was für eine größere Oberfläche der MDS-Thrombozyten spricht. Dies schlägt sich in den errechneten Quotienten in leicht erniedrigten Werten nieder, sorgt jedoch bei den vorgenannten Oberflächenrezeptoren nicht für signifikant niedrigere Verteilungsdichten. Einzige Ausnahme bildet der vWF-Rezeptor GPIb, welcher mit 25,71±1,86 in den MDS-Thrombozyten einen signifikant niedrigeren Quotienten erreicht als in gesunden Blutplättchen (33,65±2,48, p=0,03). Dieser Rezeptor hat somit trotz unveränderter Anzahl auf den Blutplättchen der MDS-

Patienten eine niedrigere Verteilungsdichte als auf gesunden Thrombozyten, ein Phänomen, welches bereits 2000 von einer anderen Arbeitsgruppe gezeigt wurde[151]. Die einzelnen GPIb-Moleküle, welche für den ersten Kontakt der Blutplättchen mit der verletzten Stelle verantwortlich sind, haben somit auf der Thrombozytenmembran einen größeren Abstand zueinander. Da die Funktionsweise des vWF-Rezeptors jedoch kein *clustering* (Zusammenlagerung) der einzelnen Moleküle benötigt, wie die des Fibrinogenrezeptors, und die Anzahl der Rezeptoren auf den MDS-Thrombozyten sich nicht von der auf gesunden Blutplättchen unterscheidet, sollte diese verminderte Oberflächendichte sich nicht negativ auf die Aktivierung der MDS-Thrombozyten auswirken.

3.3.2 Studien zur Thrombozyten-Aktivierung

Auch wenn die Ergebnisse zum Expressionslevel der Oberflächenrezeptoren keine Unterschiede zwischen gesunden und MDS-Thrombozyten zeigen, weisen die Proteomics-Ergebnisse mit dem Mangel an Talin-1 und Kindlin-3 auf ein gestörtes *inside-out-signaling* der Integrine als möglichen Grund für die Fehlfunktion der MDS-Thrombozyten hin. Ein intaktes durch Bindung dieser beiden Proteine an das zytosolische Ende des Integrin β_3 initiiertes *inside-out-signaling* ist eine Grundvoraussetzung für die Aktivierung des Fibrinogenrezeptors, welche letztlich zur Aggregation und zum Gestaltwandel der Thrombozyten führt. Um diesen Schritt der Aktivierungskaskade der MDS-Thrombozyten zu untersuchen, wurden verschiedene durchflusszytometrische Analysen durchgeführt. Zuerst wurde der intrazelluläre Kalziumflux der Thrombozyten während der Aktivierung gemessen sowie die Granula-Ausschüttung als Antwort auf die Aktivierung bestimmt. Weiterhin wurde die Protein-Protein-Interaktion zwischen Talin-1 und dem Integrin mit Hilfe des Förster-Resonanz-Energie-Transfers analysiert und die Aktivierung des Fibrinogen-Rezeptors mit Hilfe eines Antikörpers, der spezifisch an die aktive Konformation dieses Glykoproteins bindet, untersucht. Die Ergebnisse dieser Untersuchungen sind in den folgenden Abschnitten dargestellt.

3.3.2.1 Kalziumflux

Obwohl Thrombozyten von einer Vielzahl unterschiedlicher Agonisten aktiviert werden können, welche alle an verschiedene Rezeptoren binden, die wiederum unterschiedliche Signalkaskaden aktivieren, ist die Erhöhung der intrazellulären Kalziumkonzentration des Blutplättchens als einer der ersten Prozesse bei allen Aktivierungssignalen gleich[152]. Dies geschieht zum Einen durch die Aufnahme von Kalzium aus dem extrazellulären Raum durch Kalziumtransporter in der Thrombozytenmembran und zum Anderen durch die Freisetzung des im DTS (*dense tubular system*) der Blutplättchen gespeicherten Kalziums ins Zytosol[153]. Die Freisetzung aus den internen Speichern ist dabei verglichen mit der Aufnahme von außen nicht so stark und langanhaltend, kann aber deutlich schneller (innerhalb 200 msec) die intrazelluläre Kalziumkonzentration des ruhenden Thrombozyten (<100 nM) um etwa das Zehnfache erhöhen[152,154]. Die Erhöhung der Kalziumkonzentration aktiviert anschließend die verschiedensten Signalwege und -proteine wie beispielsweise Aktin-Myosin-Interaktionen, Kalzium-abhängige Proteasen, Pseudopodienbildung, Ausschüttung der Granula oder Aktivierung der kleinen GTPase Rap1b[55,62]. Lässt der Aktivierungsreiz wieder nach, sinkt die intrazelluläre Kalziumkonzentration auf ihr Normallevel ab[155]. Abbildung 3.12 zeigt exemplarisch die durchflusszytometrische Bestimmung des thrombozytären Kalziumflux.

Die in Abbildung 3.12 dargestellten Plots zeigen die MFI des Kalziumindikators Fluo-4,AM gegen die Zeit während der Aktivierung der Thrombozyten mit ADP (links) oder Thrombin (rechts). In die dargestellten Plots wurden *gates* eingesetzt, welche alle Zellen mit einer Fluoreszenz >10 über einen Zeitraum von je 15 Sekunden aufzeichnen. Das erste Zeitfenster zeigt die Thrombozyten im Ruhezustand. Anschließend wurde die Messung kurz unterbrochen,

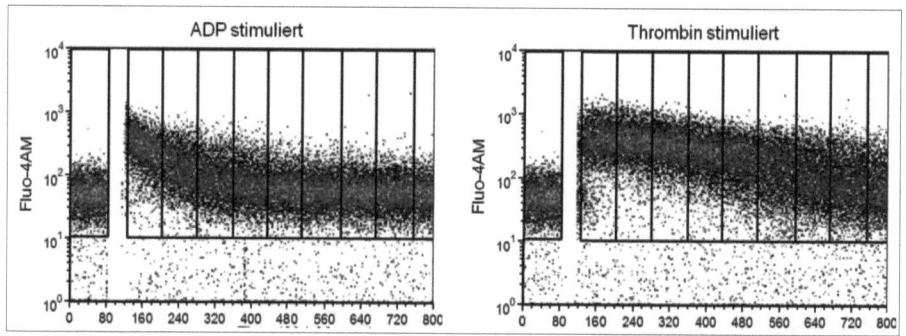

Abbildung 3.12: Analyse des aktivierungsbedingten thrombozytären Kalziumflux

um den jeweiligen Agonist zuzugeben. Die weiteren Zeitfenster beginnen ab Fortführung der Messung und zeigen die Fluoreszenz der aktivierten Thrombozyten. Abbildung 3.13 zeigt die Auswertung dieser durchflusszytometrischen Messung des thrombozytären Kalziumflux von jeweils 10 MDS-Patienten und gesunden Spendern nach Aktivierung der Blutplättchen mit Thrombin und ADP.

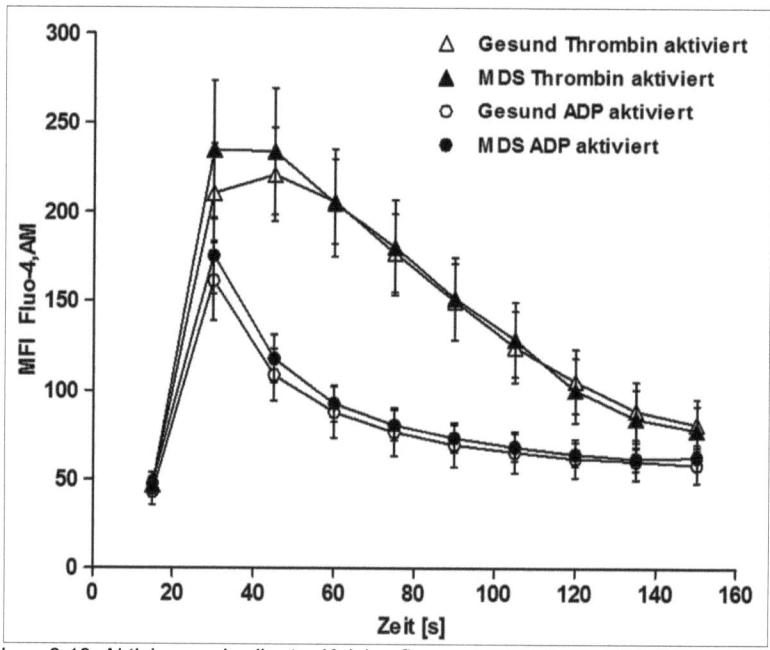

Abbildung 3.13: Aktivierungsbedingter Kalziumflux von gesunden und MDS-Thrombozyten

Abbildung 3.13 zeigt die Mittelwerte der MFI des Kalziumsindikators Fluo-4,AM von jeweils 10 MDS-Patienten und gesunden Spendern über die Zeit. Die gemittelten Datenpunkte ergeben sich aus den Fluoreszenzen aller Zellen, welche in je einem Zeitfenster aufgenommen wurden. Der erste Datenpunkt entspricht dabei der Fluoreszenz der Thrombozyten im Ruhezustand, anschließend wird die Zellsuspension mit dem jeweiligen Agonisten stimuliert und die Messung der aktivierten Zellen fortgesetzt. Die MFI der unstimulierten Thrombozyten zeigt dabei keine signifikanten Unterschiede (p=0,62 und 0,98) zwischen MDS-Patienten (47,62±5,89 und 46,66±4,82) und gesunden Spendern (42,94±7,01 und 46,91±7,08). Nach den ersten 15 Sekunden Stimulation zeigt sich sowohl bei den MDS-Thrombozyten als auch bei gesunden Blutplättchen ein deutlicher Anstieg der Fluoreszenz, gleichbedeutend mit einem Anstieg der Kalziumkonzentration im thrombozytären Zytosol als Antwort auf beide Stimuli. Dabei ist der Ausschlag bei dem starken Agonisten Thrombin (gesund 210,51±28,01 und MDS 234,74±39,01) etwas höher als bei dem schwachen Agonisten ADP (gesund 161,18±22,48 und MDS 175,19±21,52). In der Höhe des Ausschlags zeigt sich sowohl bei Thrombin- als auch bei ADP-Stimulation kein signifikanter Unterschied zwischen gesunden und MDS-Thrombozyten (p=0,64 und 0,67). Die MFI der ADP-stimulierten Thrombozyten fällt direkt nach diesem ersten Messpunkt kontinuierlich ab und erreicht zum Endpunkt der Messung nach 150 Sekunden einen Wert von 58,40±9,93 bei gesunden und 62,59±7,01 bei MDS-Thrombozyten. Während der gesamten Messung liegen die Datenpunkte und somit die Kalziumkonzentration der MDS-Thrombozyten leicht oberhalb der gesunden Blutplättchen, es ergeben sich jedoch keinerlei signifikante Unterschiede zwischen den einzelnen Messwerten der beiden untersuchten Gruppen (p-Werte zwischen 0,62 und 0,91). Die Kalziumkonzentration der mit dem starken Agonisten Thrombin stimulierten Thrombozyten steigt nicht nur steiler an als bei ADP-Stimulation, sondern verweilt auch etwas länger auf diesem hohen Niveau. So fällt die MFI des Kalziumindikators bei dieser Stimulation erst nach 45 Sekunden wieder kontinuierlich ab und erreicht nach 150 Sekunden einen Wert von 81,08±14,36 bei gesunden Blutplättchen und 78,01±13,56 bei MDS-Thrombozyten. Doch auch bei Stimulation mit diesem Agonisten ergeben sich keinerlei signifikante Unterschiede zwischen den Messwerten von gesunden und MDS-Thrombozyten (p-Werte zwischen 0,64 und 0,98). Der thrombozytäre Kalziumflux gesunder Spender und MDS-Patienten als Antwort auf die beiden untersuchten Agonisten verläuft nahezu deckungsgleich. Dieser erste Schritt der Aktivierungskaskade im Thrombozyteninneren ist somit nicht verändert in den Blutplättchen von Patienten mit Myelodysplastischen Syndromen und dementsprechend nicht ausschlaggebend für Probleme in nachfolgenden Schritten der Signalkaskade.

3.3.2.2 Granula-Ausschüttung

Ein durch den Anstieg der intrazellulären Kalziumkonzentration der Blutplättchen ausgelösten Prozesse ist die Ausschüttung der thrombozytären Granula. Dieser Prozess ist notwendig für eine normale Funktion der Blutplättchen und ebenfalls Inhalt der Signalkaskade, die unabhängig vom auslösenden Agonisten, bei der Aktivierung der Thrombozyten immer abläuft[62]. Der Prozess der Granula-Ausschüttung wird seit Jahren kontrovers diskutiert, es gibt derzeit zwei Theorien, wie diese Degranulation abläuft. Zum Einen wird angenommen, dass sich die Granula nach der Aktivierung der Thrombozyten in der Mitte der Zellen sammeln und ihre Inhaltsstoffe über eine Membranfusion mit dem OCS (*open canalicular system*) in den extrazellulären Raum sekretieren[156]. Zum Anderen gibt es elektronenmikroskopische Aufnahmen, die die Granula nach der Aktivierung in der Peripherie der Zelle zeigen, wo sie in Ausstülpungen und/oder den Spitzen der sich bildenden Pseudopodien direkt mit der Plasmamembran fusionieren und so exozytieren[157]. Letztlich jedoch ist beiden Konzepten gleich, dass Granula-spezifische Marker wie P-Selektin

(CD62P) im Anschluss an die Degranulation auf der Thrombozytenoberfläche nachgewiesen werden können, wodurch der Aktivierungs- und Degranulierungszustandes der Thrombozyten gemessen werden kann. Welch wichtige Rolle in der primären Hämostase diese Degranulation spielt, zeigen beispielsweise Patienten mit Defekten in den Speichergranula, bei denen aufgrund der fehlenden autokrinen Stimulation der Thrombozyten durch die freigesetzten Substanzen die sekundäre Aggregationsphase vermindert ist oder völlig fehlt, so dass es zu einer erhöhten Blutungsneigung kommt[55]. Auf eine ebensolche „storage pool deficiency" wurden die Thrombozyten der MDS-Patienten im Rahmen dieser Arbeit untersucht. Dazu wurde durchflusszytometrisch die bereits oben beschriebene durch Degranulation bedingte Oberflächenexpression von P-Selectin untersucht. Abbildung 3.14 zeigt exemplarisch das Expressionslevel dieses Proteins eines gesunden Spenders vor und nach der Thrombozytenaktivierung mittels TRAP.

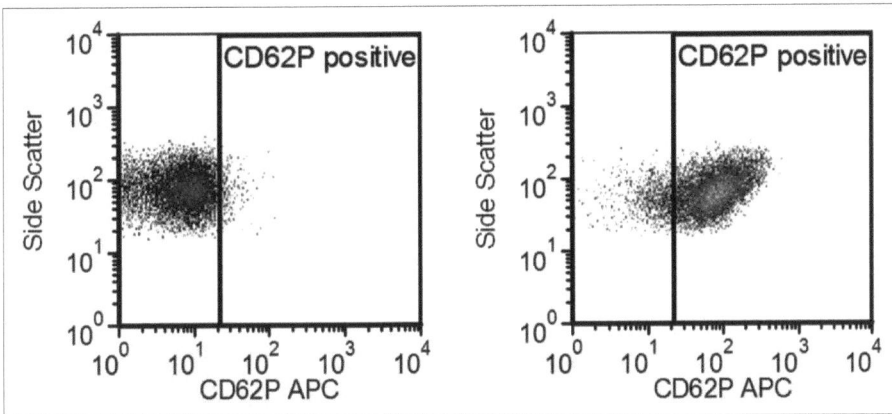

Abbildung 3.14: Analyse der thrombozytären Degranulation

Die in Abbildung 3.14 dargestellten Plots zeigen die Oberflächenexpression von P-Selektin (CD62P) auf Thrombozyten eines Gesundspenders im Ruhezustand (links) und nach der Aktivierung mit TRAP (rechts). Die Zellpopulation der nicht aktivierten Thrombozyten im linken Plot liegt dabei größtenteils unterhalb des mittels der Isotyp-Kontrolle festgelegten Fluoreszenz-Mindestgrenze des *gates*, die MFI liegt unter 10. CD62P wird somit auf gesunden ruhenden Thrombozyten nicht oder nur in zu vernachlässigenden Mengen exprimiert. Stimuliert man die Blutplättchen parallel zur Antikörperfärbung mit TRAP, einem den Thrombin-Rezeptor aktivierenden Peptid, kommt es unter Ablauf der oben beschriebenen Signalkaskade zur Degranulation der Thrombozyten und Fusion der Granulamembranen mit der Plasmamembran bzw. dem OCS. Wie im rechten Plot zu sehen wird durch diese Membranfusion P-Selektin auf der Thrombozytenoberfläche nachweisbar. Die Thrombozytenpopulation weist im aktivierten Zustand eine deutlich höhere Fluoreszenz auf als im Ruhezustand, die MFI liegt etwa eine Zehnerpotenz höher. Ein Vergleich der Oberflächenexpressionen von CD62P auf den Thrombozyten von jeweils 11 gesunden Spendern und MDS-Patienten ist in Abbildung 3.15 dargestellt.

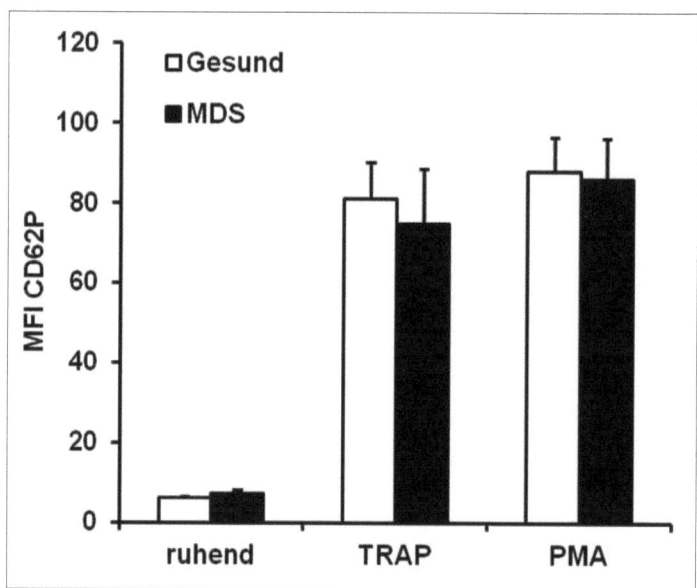

Abbildung 3.15: Aktivierungsbedingte Degranulation gesunder und MDS-Thrombozyten

Abbildung 3.15 zeigt die Auswertung der durchflusszytometrisch bestimmten MFI des Degranulationsmarkers CD62P in Thrombozyten von gesunden Spendern und MDS-Patienten in verschiedenen Aktivierungszuständen. Das linke Säulenpaar zeigt die MFI der nicht aktivierten Blutplättchen (gesund 6,13±0,46 und MDS 7,25±0,92), welche sich in den beiden untersuchten Gruppen nicht signifikant unterscheidet (p=0,49). Das mittlere Säulenpaar zeigt die MFI von P-Selektin nach der Aktivierung der Blutplättchen beider Gruppen mit TRAP. Verglichen mit dem ersten Säulenpaar ist ein Anstieg der MFI um etwa das Zehnfache zu sehen (gesund 81,13±9,24 und MDS 74,72±14,09). Im Grad der Degranulation gemessen an der Höhe der MFI von P-Selektin ergeben sich keine signifikanten Unterschiede zwischen den Blutplättchen von gesunden Spendern und MDS-Patienten (p=0,80). Um eine eventuelle Auswirkung der aktivierenden Substanz und der Funktion des aktivierten Rezeptors auf die nachfolgende Signalkaskade und somit die Degranulation auszuschließen, wurde zusätzlich die MFI von CD62P nach Stimulation der Thrombozyten mittels Phorbol-12-Myristat-13-Acetat (PMA) untersucht. Diese Substanz aktiviert direkt in der Zelle die Proteinkinase C, ohne dass ein vorheriger Kontakt zu einem Oberflächenrezeptor benötigt wird[158]. Diese Aktivierungsstudien mit PMA würden gleichermaßen zeigen, ob sich die verringerte Verteilungsdichte des GPIb als primärer Anstoß der Signalkaskade negativ auf die Aktivierung der Thrombozyten auswirkt. Wie das dritte Säulenpaar von Abbildung 3.15 zeigt, führt auch diese Stimulation zur Degranulation und entsprechenden CD62P-Expression auf der Thrombozytenoberfläche beider Gruppen. Die gemessene MFI (gesund 88,07±8,58 und MDS 86,05±10,32) liegt dabei sogar noch etwas höher als bei TRAP-Stimulation. Allerdings sind auch hier wiederum keine signifikanten Unterschiede im Grad der Degranulation zwischen gesunden und MDS-Thrombozyten zu sehen (p=0,91). Es konnten somit in diesem Schritt der Signalkaskade keine Unterschiede zwischen den Blutplättchen von MDS-Patienten und gesunden Spendern festgestellt werden, welche sich auf die nachfolgenden Schritte der Aktivierung und Aggregation negativ auswirken würden.

3.3.2.3 Protein-Protein-Interaktion

Der Grund für eine verminderte Aktivierung kann an vielen Stellen der innerhalb der Blutplättchen ablaufenden Signalkaskade auftreten. Das im zeitlichen Ablauf der Signalkaskade als erstes vorkommende und in MDS-Thrombozyten vermindert exprimierte Protein ist Talin-1. Es ist mit über 3% der Gesamtproteinmasse eines der am häufigsten vorkommenden Proteine in Blutplättchen[159,160]. In ruhenden Thrombozyten liegt Talin-1 im gesamten Zytoplasma der Zellen vor, innerhalb einer Minute nach Aktivierung der Blutplättchen jedoch lokalisiert ca. 36% des zellulären Talin-1 an der Plasmamembran der Thrombozyten[161]. Dort bindet es an das zytosolische Ende des Integrins $β_3$, was laut der verbreiteten wissenschaftlichen Ansicht den finalen notwendigen Schritt zur Aktivierung des Fibrinogen-Rezeptors bildet[67,70,71,111]. Eben diese Translokation des zytoplasmatischen Talin-1 und Bindung an das membranständige Integrin $β_3$ (CD41) wurde in den nachfolgenden Experimenten durchflusszytometrisch per Förster-Resonanz-Energie-Transfer (FRET) untersucht. Dazu wurden Thrombin-aktivierte Thrombozyten mit fluorochrom-gekoppelten Antikörpern gegen Talin-1 und CD41 inkubiert, deren Fluoreszenzspektren sich überschneiden, sodass bei räumlicher Nähe der beiden Fluorochrome (<10 nm), die nur im aktivierten Zustand der Thrombozyten vorliegt, ein Energietransfer stattfindet. Abbildung 3.16 zeigt die repräsentativen Plots der Thrombozyten eines Gesundspenders und eines MDS-Patienten. Gezeigt ist die biparametrische Analyse der Emissionen bei 575 nm und 675 nm von Thrombin-aktivierten Thrombozyten eines Gesundspenders und eines MDS-Patienten nach Anregung bei 488 nm und somit den FRET-Effekt von PE-markiertem CD41 auf das APC-konjugierte Talin-1. Zu sehen sind jeweils untereinander zwei Plots der Thrombin-aktivierten Thrombozyten eines Gesundspenders und eines MDS-Patienten. In allen Plots ist die Emission bei 675 nm (y-Achse) gegen die Emission bei 575 nm (x-Achse) aufgetragen, beide angeregt durch einen Laser der Wellenlänge

488 nm. Die jeweils oberen Plots zeigen die Fluoreszenzintensität der Thrombozyten, wenn diese allein mit den PE-markierten Antikörpern gegen CD41 inkubiert wurden. In den unteren Plots wurden die Thrombozyten zusätzlich mit APC-gekoppelten Antikörpern gegen Talin-1 inkubiert. Um eine Fluoreszenz im APC-Kanal messen zu können, müsste die Probe theoretisch mit dem 635 nm Laser angeregt werden. Ohne diese Anregung ist ein Fluoreszenzsignal der APC-markierten Zellen nur dann möglich, wenn sich die PE-markierten CD41 Moleküle in direkter räumlicher Nähe zu den APC-markierten Talin-1 Molekülen befinden.

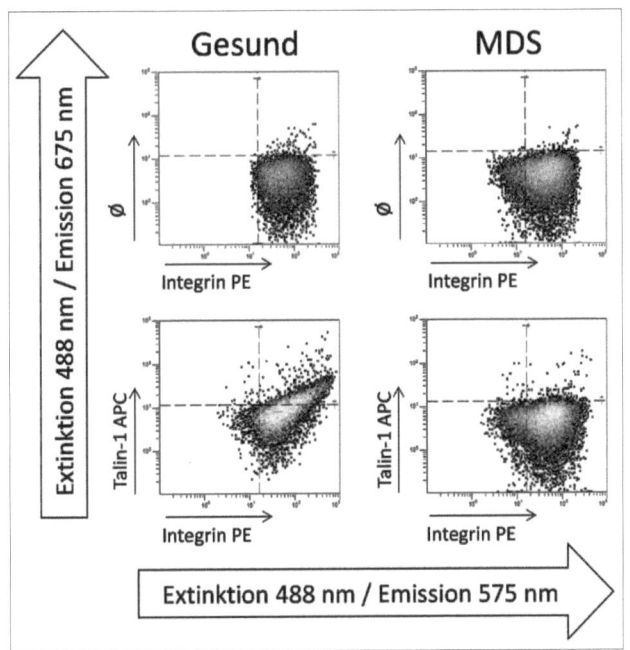

Abbildung 3.16: Analyse der Kolokalisation von CD41 und Talin-1

Vergleicht man die beiden Plots des Gesundspenders links, so zeigt sich eine Zunahme der Fluoreszenzintensität bei 675 nm im unteren Plot erzeugt durch den Energietransfer des PE-Fluorochroms auf das APC-Fluorochrom, was zeigt, dass während der Thrombin-Aktivierung das im Zytosol vorliegende APC-markierte Talin-1 mit dem membranständigen PE-markierten CD41 kolokalisiert ist. Dieses Ergebnis bestätigt die Verwendbarkeit des hier angewandten Versuchsaufbaus zur Untersuchung der Talin-1-Kolokalisation an das Integrin β_3 per FRET analog zu Untersuchungen anderer Gruppen[162]. Die beiden rechten Plots zeigen die selben Experimente an Thrombin-aktivierten Blutplättchen eines repräsentativen MDS-Patienten. Im oberen Plot ähnelt die Thrombozytenpopulation in der Fluoreszenzintensität auf der y-Achse den gesunden Blutplättchen. Im unteren Plot zeigt sich verglichen mit dem oberen MDS-Plot kaum ein Unterschied der Fluoreszenzintensität bei 675 nm. Es ist somit nicht bzw. nur sehr gering zu einem FRET-Effekt zwischen CD41 und Talin-1 gekommen. Dies lässt darauf schließen, dass es bei der Thrombin-Aktivierung der MDS-Thrombozyten nicht oder nur wenig zur Translokalisation von Talin-1 aus dem Zytoplasma an das membranständige Integrin gekommen ist. Die statistische Auswertung dieses Versuchs an Thrombozyten von insgesamt 5 Gesundspendern und MDS-Patienten ist in Abbildung 3.17 dargestellt.

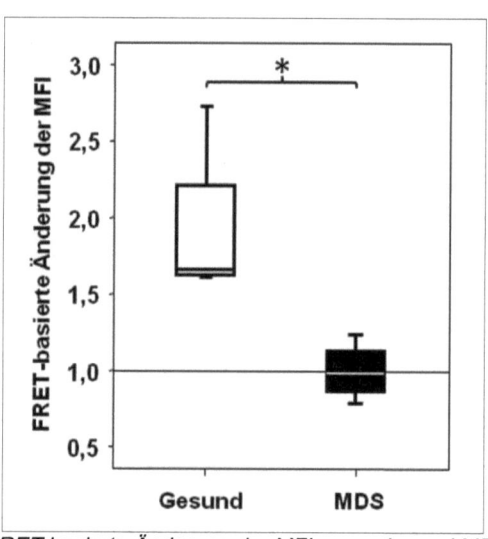

Abbildung 3.17: FRET-basierte Änderung der MFI gesunder und MDS-Thrombozyten

Abbildung 3.17 zeigt die FRET-basierte Änderung der MFI bei 675 nm der Thrombozyten von 5 Gesundspendern und MDS-Patienten. Die gesunden Blutplättchen verzeichnen durch den FRET-Effekt bei der Kolokalisation von Talin-1 und CD41 eine Steigerung der Fluoreszenz bei 675 nm um den Faktor 1,65. Die Fluoreszenz der MDS-Thrombozyten bleibt etwa gleich und verändert sich um den Faktor 1,03. Somit zeigen MDS-Blutplättchen bei der Aktivierung mit Thrombin einen signifikant geringeren FRET-Effekt (p=0,035) als gesunde Thrombozyten, ausgelöst durch die geringere Kolokalisation von Talin-1 und CD41. Dies könnte einerseits bedeuten, dass fast das gesamte Talin-1 der MDS-Thrombozyten trotz Thrombin-Aktivierung im Zytosol verbleibt und nicht mit dem Transmembranrezeptor kolokalisiert, sodass aufgrund der fehlenden räumlichen Nähe kein Energietransfer zwischen den beiden Fluorochromen stattfinden kann. Bezugnehmend auf die Proteomics-Daten erscheint es jedoch wahrscheinlicher, dass die MDS-Thrombozyten weniger Talin-1 besitzen, welches kolokalisieren kann. Solch eine verminderte Kolokalisation aufgrund des geringeren Talin-1-Vorkommens in den MDS-Thrombozyten würde sich negativ auf alle nachfolgenden Schritte der Aktivierungskaskade auswirken. Eine direkte Folge daraus wäre eine verminderte Aktivierung des Fibrinogenrezeptors der MDS-Thrombozyten, welche im Anschluss untersucht wurde. Die Ergebnisse dieser Experimente sind im nächsten Absatz dargestellt.

3.3.2.4 Aktivierung des Fibrinogenrezeptors

Wie bereits erwähnt, können Thrombozyten durch verschiedenste Reagenzien stimuliert werden, welche über unterschiedliche Stoffwechselwege die Aktivierung der Blutplättchen auslösen. Der finale Schritt der Aktivierung ist jedoch unabhängig vom auslösenden Agonisten immer die durch die bereits oben besprochene Bindung von Talin-1 initiierte Konformationsänderung des Integrins α_{IIb}/β_3 in seinen aktiven Zustand[68,109,111]. Neben der verringerten Expression von Talin-1 in den Thrombozyten von MDS-Patienten wurde in den Proteomics-Untersuchungen der vorliegenden Arbeit ein weiteres niedriger exprimiertes Protein identifiziert, dessen Einfluss auf die Integrin-Konformationsänderung erst in den letzten Jahren entdeckt wurde – Kindlin-3. So zeigten Arbeiten mit Kindlin-3-defizienten Mäusen, dass die Talin-1-Bindung an das Integrin $β_3$ allein nicht ausreichend ist für eine Konformationsänderung des Fibrinogenrezeptors[113]. Kindlin-3 bindet ebenso wie Talin-1 an das zytosolische Ende des Integrins und, obwohl das genaue Zusammenwirken der beiden Proteine noch nicht geklärt werden konnte, sind beide für eine Aktivierung des GPIIb/IIIa notwendig[163,164]. Aufgrund der niedrigeren Expression dieser beiden für den nächsten Schritt der Aktivierungskaskade entscheidenden Proteine in den MDS-Thrombozyten sowie der bereits festgestellten verminderten Kolokalisation von Talin-1 an das Integrin wurde in den nächsten Experimenten untersucht, inwieweit der Fibrinogenrezeptor der MDS-Thrombozyten bei Stimulation mit verschiedenen Agonisten die Konformationsänderung durchführt. Dazu wurden Thrombozyten aus dem Vollblut von MDS-Patienten und gesunden Kontrollspendern durchflusszytometrisch vermessen und auf eine Bindung des PAC-1 Antikörpers untersucht. Dieser Antikörper bindet spezifisch an die aktivierte, für Fibrinogen hoch affine Konformation des $α_{IIb}/β_3$ Integrinkomplexes, nicht jedoch die inaktive, ruhende Form dieses Rezeptors. Dies beruht darauf, dass sich das Epitop zur Bindung von PAC-1 direkt in der Fibrinogen-Bindetasche des Rezeptors befindet, welche erst dann zugänglich für Fibrinogen bzw. den Antikörper ist, wenn die Konformationsänderung zur aktiven Form stattgefunden hat[165]. Abbildung 3.18 zeigt die durchflusszytometrische Analyse des GPIIb/IIIa-Aktivierungsgrades exemplarisch an den Thrombozyten eines Gesundspenders vor und nach der Thrombozytenaktivierung mittels TRAP.

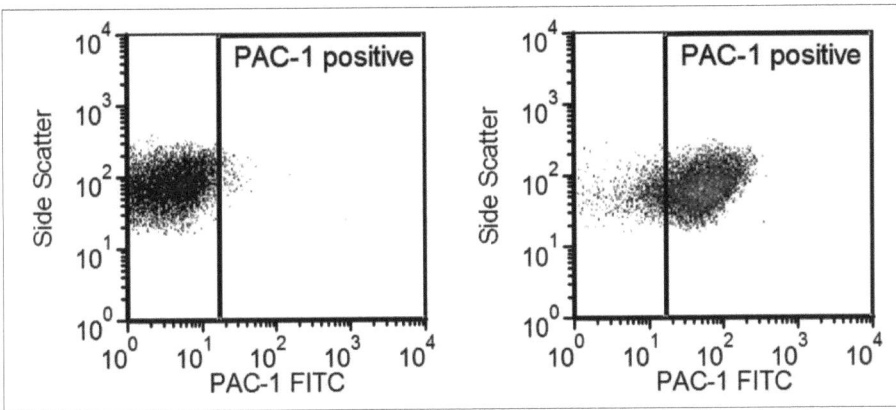

Abbildung 3.18: Analyse der GPIIb/IIIa-Konformation gesunder Thrombozyten

Die in Abbildung 3.18 dargestellten Plots zeigen die Bindung des PAC-1-Antikörpers an die Thrombozyten eines Gesundspenders im Ruhezustand (links) und nach der Aktivierung mit TRAP (rechts). Die Zellpopulation der nicht aktivierten Thrombozyten im linken Plot liegt dabei größtenteils unterhalb des mittels der Isotyp-Kontrolle festgelegten Fluoreszenz-Mindestgrenze des *gates*, die MFI liegt bei 2,98. Die Bindestelle des GPIIb/IIIa-Komplexes ist in diesen nicht aktivierten Thrombozyten aufgrund der inaktiven Konformation des Fibrinogenrezeptors somit nicht für den Antikörper zugängig. Stimuliert man die Blutplättchen parallel zur Antikörperfärbung mit TRAP kommt es unter Ablauf der oben beschriebenen Signalkaskade zur Rekrutierung von Talin-1 und Kindlin-3 an das membranständige Integrin β_3. Dies führt zur Konformationsänderung des Fibrinogenrezeptors unter Freilegung der Fibrinogen-Bindetasche mit der Bindestelle für PAC-1. Eine solche TRAP-aktivierte Thrombozytenpopulation, die in hohem Maße PAC-1 bindet, ist im rechten Plot dargestellt. Die PAC-1 MFI der gesunden, aktivierten Blutplättchen liegt bei 45,23 und somit etwa 15-fach höher als die der ruhenden Thrombozyten des selben Spenders. Somit hat die TRAP-Stimulation der Thrombozyten die Aktivierungskaskade bis hin zur Konformationsänderung des GPIIb/IIIa bewirkt, die es dem Antikörper ermöglicht, in der Bindetasche des Fibrinogenrezeptors zu binden – die gesunden Blutplättchen sind aktiviert. Diese durchflusszytometrischen Aktivierungsstudien wurden an Vollblutproben von je 8 Gesundspendern und MDS-Patienten wiederholt und statistisch ausgewertet und sind in Abbildung 3.19 dargestellt.

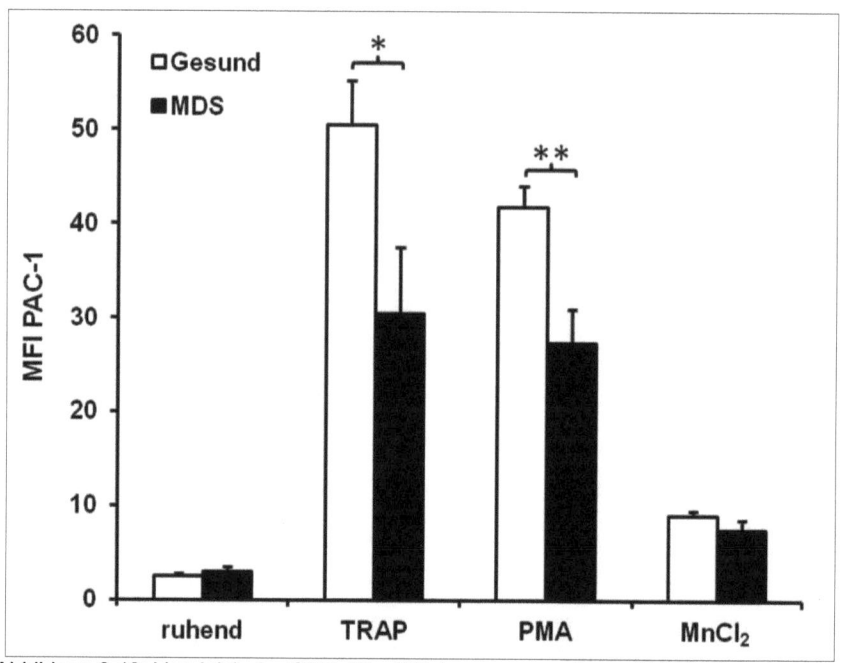

Abbildung 3.19: Vergleich der GPIIb/IIIa-Aktivierung gesunder und MDS-Thrombozyten

Das Balkendiagramm in Abbildung 3.19 zeigt den Vergleich der mittleren PAC-1 MFI gesunder Thrombozyten (weiß) und derer von MDS-Patienten (schwarz) ohne bzw. mit TRAP- und PMA-Stimulation (n=8) sowie mit Mangan-Stimulation (n=3).

Ohne eine Stimulation (erstes Säulenpaar) ist die MFI der Blutplättchen sowohl von Gesundspendern mit 2,53±0,31 als auch von MDS-Patienten mit 3,01±0,51 gering und es ergeben sich keine signifikanten Unterschiede zwischen den beiden Gruppen (p=0,46).

Durch die Stimulation mit TRAP (zweites Säulenpaar) steigt die MFI in den Gesundproben im Mittelwert auf 50,53±4,69 an. Daraus ergibt sich eine aktivierungsbedingte Steigerung der PAC-1 Bindung um das 20-fache. Bei den MDS-Thrombozyten bewirkt diese Stimulation auch einen Anstieg der PAC-1 MFI auf 30,48±6,99 und somit eine Steigerung um das 10-fache. Die TRAP-aktivierten Blutplättchen der MDS-Patienten binden somit signifikant weniger PAC-1 als die der Gesundspender (p=0,038). Dies könnte zum Einen auf weniger GPIIb/IIIa auf der Oberfläche der MDS-Thrombozyten hinweisen, welche durch die TRAP-Stimulation aktiviert werden. Gegen dieses Szenario sprechen jedoch die Ergebnisse der Untersuchungen zur Expression der thrombozytären Oberflächenrezeptoren (Abbildung 3.10), worin keine signifikanten Unterschiede im Expresssionslevel der beiden Integrine α_{IIb} und β_3 gemessen wurden.

Ein weiteres Szenario, welches eine solch verminderte Aktivierung in den MDS-Thrombozyten hervorrufen könnte, wäre eine Störung der Funktion der Oberflächenrezeptoren, über welche das Aktivierungssignal in die Blutplättchen weitergeleitet wird, im Falle einer TRAP-Aktivierung also der Thrombinrezeptoren PAR-1 und PAR-4. Zum Ausschluss einer solchen Rezeptor-vermittelten Aktivierungsstörung der MDS-Thrombozyten wurde dieselbe durchflusszytometrische Analyse des Fibrinogenrezeptor-Aktivierungsgrades mit der bereits zuvor beschriebenen rezeptor-unabhängigen Aktivierung der Blutproben mittels PMA durchgeführt. Die Auswertung dieser Experimente ist im dritten Säulenpaar dargestellt. Es zeigt sich auch bei dieser Stimulation ein Anstieg der PAC-1 MFI in beiden untersuchten Gruppen, bei den Blutplättchen gesunder Spender auf 41,74±2,26, bei den MDS-Thrombozyten auf 27,27±3,67, und somit eine signifikant niedrigere Bindung dieses Antikörpers an MDS-Thrombozyten (p=0,007).

Verglichen mit der TRAP-Stimulation ist die PAC-1 MFI der PMA-aktivierten Thrombozyten in beiden untersuchten Gruppen leicht erniedrigt. Es ergibt sich ein PMA-vermittelter Anstieg der PAC-1 Fluoreszenz um das 17-fache bei gesunden Spendern und um das 9-fache bei MDS-Patienten. Die rezeptor-unabhängige Stimulation aktiviert den Fibrinogenrezeptor der Blutplättchen folglich nicht so effizient wie TRAP. Die bereits bei der TRAP-Stimulation gemessene signifikant niedrigere Bindung des Antikörpers und somit auch Aktivierung des Fibrinogenrezeptors tritt jedoch ebenfalls bei der PMA-Stimulation auf und ist somit nicht durch eine mögliche Fehlfunktion des Thrombinrezeptors vermittelt.

Ein weiteres Szenario, welches diese Ergebnisse begründen könnte, wäre eine mögliche Fehlfunktion des Fibrinogenrezeptors der MDS-Thrombozyten. Um ein solch generelles Problem des Integrin α_{IIb}/β_3 Komplexes, beispielsweise einen strukturellen Defekt der Fibrinogen-Bindestelle wie bei Thrombozyten von Patienten mit Glanzmann-Thrombasthenie[166], auszuschließen, wurden die Vollblutproben beider Versuchsgruppen mit Manganchlorid behandelt. Die divalenten Manganionen erhöhen dabei von außen die Ligandenbindungsaffinität der Integrine und die Zelladhäsion[167]. Die Stimulation der Thrombozyten mit Mn^{2+} führt somit zu einer von der Signalkaskade im Plättcheninneren unabhängigen Aktivierung des Fibrinogenrezeptors, wenn auch nicht zur eigentlichen Konformationsänderung des Glykoproteins und der damit verbundenen Aktivierung der Thrombozyten[168]. Die Ergebnisse dieser Mn^{2+}-Aktivierung sind im vierten Säulenpaar dargestellt und zeigen keinen signifikanten Unterschied (p=0,31) in der PAC-1 MFI zwischen den Thrombozyten der Gesundspender (8,99±0,59) und der MDS-Patienten (7,50±1,13). Es ist zu erkennen, dass diese Aktivierung von außen deutlich geringer ausfällt als die Aktivierung mittels TRAP oder PMA. Allerdings zeigt die gleichstarke äußerliche Aktivierung der Blutplättchen beider Versuchsgruppen, dass der GPIIb/IIIa Komplex der MDS-Thrombozyten intakt und somit nicht der Grund für die verminderte Aktivierung ist.

Zusammengefasst zeigen die Ergebnisse dieser Aktivierungsstudien des Fibrinogenrezeptors mit Hilfe der drei verschiedenen Agonisten, dass MDS-Thrombozyten verglichen mit gesunden Blutplättchen bei Stimulation mit einem das *inside-out-signaling* der Integrine benötigenden Agonisten eine deutlich geringere Aktivierung erfahren und dass diese signifikant verminderte Aktivierung tatsächlich auf einem defekten *inside-out-signaling* basieren muss, da ein Defekt der Oberflächenrezeptoren sowie des Fibrinogenrezeptors selbst ausgeschlossen werden konnte. Phänotypisch korrelieren die erhaltenen Ergebnisse mit Studien an Talin-1 bzw. Kindlin-3 *knock-out* Mäusen, deren Thrombozyten, wie oben bereits erwähnt, nicht in der Lage sind normal auf Stimulation zu antworten[68,113]. Die Thrombozyten dieser Mäuse, die entweder Talin-1 oder Kindlin-3 defizient sind, ohne dass das jeweils andere Protein betroffen ist, zeigen eine stark verminderte Bindung des PAC-1 Antikörpers und somit eine fast gänzlich unterbundene Aktivierung des Fibrinogenrezeptors. Verglichen mit diesen starken Einflüssen aufgrund der kompletten Abwesenheit eines der beiden Proteine in den Maus-Thrombozyten könnte man die in der vorliegenden Arbeit erzeugten Ergebnisse der Blutplättchen von MDS-Patienten mit einer verringerten PAC-1 Bindung und entsprechend verminderten Aktivierung des GPIIb/IIIa am ehesten als *knock-down* Modell bezeichnen. Dies korreliert wiederum mit den Ergebnissen zum MDS-Thrombozytenproteom, in denen beide Proteine nicht gänzlich verschwunden sondern auf den 2D-Gelen vorhanden, allerdings in mehreren Spots verglichen mit gesunden Thrombozyten um mehr als die Hälfte verringert waren.

3.3.3 Untersuchung des Spreadingverhaltens

Eine weitere auf den Proteomics-Daten aufbauende Hypothese, die es funktionell zu beweisen galt, ist ein gestörtes Spreadingverhalten der MDS-Thrombozyten aufgrund der verminderten Konzentration der zytoskelettalen und kontraktilen Proteine Aktin, Myosin-9 und dessen regulatorischer Leichtkette. Die Ergebnisse der Aktivierungsstudien erhärten diesen Verdacht, da nur eine intakte Aktivierungskaskade die Bindung an Fibrinogen und somit das *outside-in-signaling* und letztlich die Formveränderung der Thrombozyten hervorrufen können[74]. Um dieser Vermutung auf den Grund zu gehen, wurde das Spreadingverhalten Thrombin-aktivierter MDS-Thrombozyten auf Fibrinogen-beschichteten Oberflächen mikroskopisch beobachtet und mit dem gesunder Blutplättchen verglichen. Abbildung 3.20 zeigt repräsentative Bildserien des Vorgangs der Formveränderung für Thrombozyten je eines Gesundspender und eines MDS-Patienten.

Die mikroskopischen Aufnahmen in Abbildung 3.20 zeigen den Verlauf des Thrombin-induzierten Formveränderung der Thrombozyten auf einer Fibrinogen-beschichteten Oberfläche über einen Zeitraum von 30 min. Die linke Bildserie zeigt die Thrombozyten eines gesunden Spenders, rechts sind die Blutplättchen eines MDS-Patienten zu sehen. Die Thrombozyten beider Versuchsgruppen adhärieren in gleichem Maße noch vor der Thrombin-Stimulation (0 min) an die Fibrinogen-beschichtete Oberfläche, ein Vorgang, der für humane Blutplättchen bekannt ist und unabhängig vom *inside-out-signaling* der Zellen stattfindet[169]. Sofort danach beginnen die gesunden Thrombozyten die Aktivierungskaskade zu durchlaufen, an deren Ende die Kontraktionen und der Umbau ihres Aktinzytoskeletts steht. Nach 2 min bereits bilden sich fingerförmige Ausstülpungen (Filopodien) in der Thrombozytenmembran bedingt durch die parallele Bündelung der Aktinfilamente in die Richtung der aktivierten Membranrezeptoren durch Vinculin[121]. Nach 5 min sieht man, dass nun auch Lamellopodien (flache, breite Ausstülpungen der Zellmembran) gebildet werden, für deren Entstehung Linkerproteine wie Filamin-A durch eine netzartige Verknüpfung der Aktinfilamente verantwortlich sind[126]. Nach 10 min haben die gesunden Thrombozyten vollständig ihre runde Form verloren und ähneln flach und breit mit einer kleinen Erhöhung in der Mitte, in welcher sich die Granula und Organellen sammeln, einem Spiegelei[170]. In den folgenden

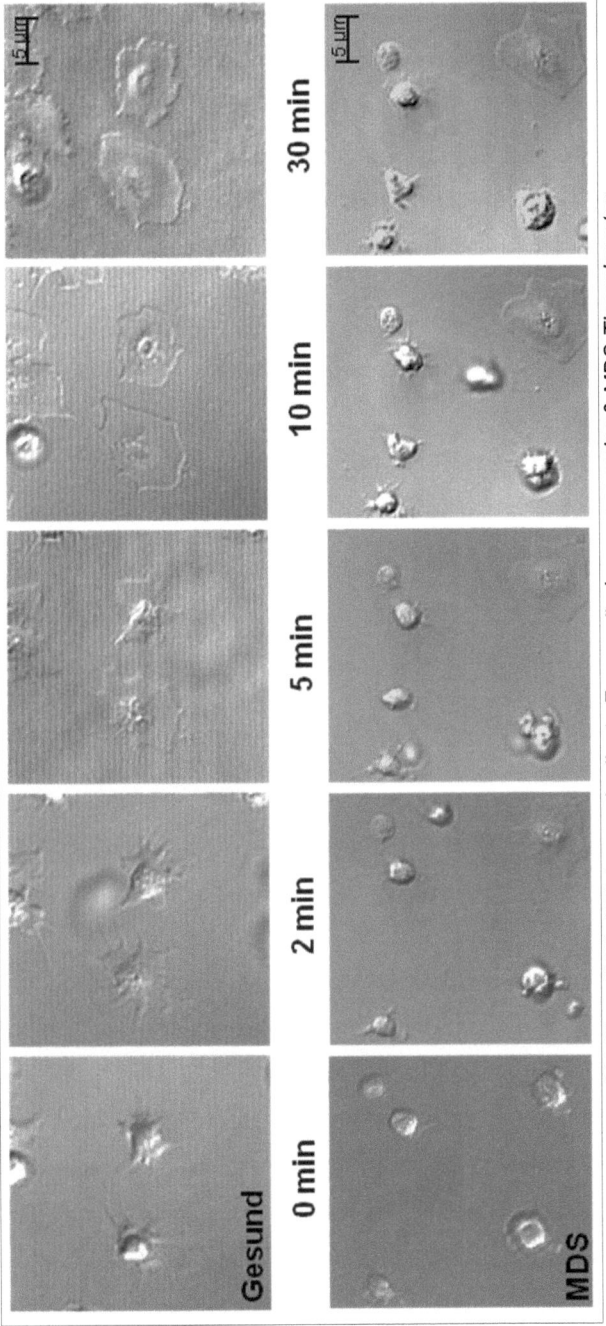

Abbildung 3.20: Aktivierungsbedingte Formveränderung gesunder & MDS-Thrombozyten

20 min sind kaum weitere Veränderungen der gesunden Thrombozyten mehr zu verzeichnen, der Umbau ihres Zytoskeletts ist bereits abgeschlossen. Die rechte Bilderserie zeigt das Spreadingverhalten von MDS-Thrombozyten über den selben Zeitraum. Nach der Adhäsion an die Fibrinogen-beschichtete Oberfläche (0 min) bildet der Großteil der Blutplättchen dieses MDS-Patienten über den gesamten Zeitraum von 30 min nur wenige Filopodien und fast keine Lamellopodien aus. Eine kleine Zahl der MDS-Thrombozyten verhält sich wie die gesunden

Blutplättchen und zeigt einen normalen Gestaltwandel (in den Bildern jeweils rechts unten) während der Großteil in seiner ursprünglichen runden Form verbleibt. Dieses unterschiedliche Verhalten der Thrombozyten eines MDS-Patienten bestätigt die Ergebnisse der Aktivierungsstudien, in denen nur ein Teil der Thrombozyten aktiviert werden konnte. Eine statistische Auswertung des Spreadingverhaltens der Thrombozyten von je 4 Gesundspendern und MDS-Patienten ist in Abbildung 3.21 dargestellt.

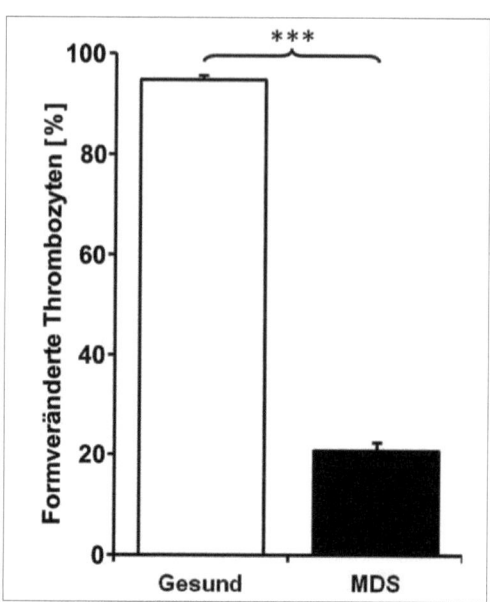

Abbildung 3.21: Spreading-Status Thrombin-aktivierter gesunder und MDS-Thrombozyten

Zur statistischen Auswertung des Spreadingverhaltens werden mikroskopische Aufnahmen jeder Probe nach 30 min auf enthaltene spiegeleiförmige sowie runde Thrombozyten untersucht und ausgezählt. Abbildung 3.21 zeigt den mittleren prozentualen Anteil spiegeleiförmiger Thrombozyten auf den ausgezählten Aufnahmen. Während dieser Anteil bei den 4 Gesundspendern im Mittelwert bei 94,87% (±0,87%) liegt, zeigen die Aufnahmen der 4 MDS-Patienten einen höchstsignifikant niedrigeren Anteil von 20,87% (±0,45%, $p=3,7 \times 10^{-10}$). Dieses Ergebnis bestätigt die anhand der Proteomics- und Aktivierungsergebnisse aufgestellte Hypothese, dass durch die in MDS-Thrombozyten verminderte Konzentration zytoskelettaler und kontraktiler Proteine sowie ihr gestörtes *inside-out-signaling* zusätzlich deren Spreadingverhalten beeinträchtigt wird.

Basierend auf diesen Ergebnissen würde sich das MDS in eine Reihe verschiedener hämatologischer Erkrankungen einreihen, die mit einer erhöhten Blutungsneigung durch eine zytoskelettale Störung einhergehen. So ist beispielsweise auch das Wiskott-Aldrich-Syndrom (WAS), ähnlich wie MDS, durch eine Thrombozytopenie charakterisiert, die sich meist von Geburt an durch Petechien, Blutergüsse und blutige Diarrhoe manifestiert. Es liegt allerdings auch hier ein qualitativer Defekt der Thrombozyten vor, welcher sich aus einer Mutation des *WAS*-Gens ableitet, wodurch das Wiskott-Aldrich-Syndrom Protein (WASP) je nach Mutationsstelle nur noch in einer verkürzten Variante oder gar nicht vorhanden ist[171]. Dieses Protein wiederum spielt eine wichtige Rolle bei der Bündelung von Aktinmonomeren zu den langen Filamenten sowie der zytoskelettalen Organisation und Dynamik[166]. Im Gegensatz zu MDS-Blutplättchen sind die Thrombozyten bei WAS allerdings eher klein, so ist Mikrothrombozytopenie (verminderte Thrombozytenzahl bei vermindertem MPV) ein untrügliches Zeichen für das Wiskott-Aldrich-Syndrom[171].

Eine weitere Gruppe hämatologischer Erkrankungen, bei der der Umbau des Thrombozyten-Zytoskeletts beeinträchtigt ist, bilden die Myosin-9 (MYH9) assoziierten Syndrome (May-Hegglin Anomalie, Fechtner, Epstein und Sebastian Syndrom). Diese Syndrome basieren auf einer durch verschiedene Mutationen hervorgerufenen Funktionsstörung des Proteins Myosin-9, von denen die meisten die Dimerisierung bzw. den Einbau des Myosin-9 in Aktinfilamente betreffen[166]. Diese Defekte manifestieren sich in einem fehlerhaften Spreadingverhalten der Thrombozyten bei Stimulation und die Patienten zeigen häufig eine moderate Blutungsneigung und ein erhöhtes MPV (Makrothrombozytopenie)[172]. Ein ebensolches erhöhtes MPV (>11 fl) zeigen auch über 50% der im Rahmen der vorliegenden Arbeit untersuchten MDS-Patienten, ein Phänomen welches bei MDS als „Riesenthrombozyten" oder „Ballon-ähnliche Thrombozyten" bereits beschrieben wurde[150], bisher jedoch nicht mit einem qualitativen Defekt der Blutplättchen in Verbindung gebracht wurde. In MYH9-assoziierten Syndromen wird der durch die Mutationen verschuldete Verlust der Myosin-9 Funktion mit einer verstärkten Formierung von Blutplättchen-Vorstufen (*proplatelets*) sowie einem frühzeitigen Abschnüren unreifer Thrombozyten von den Megakaryozyten assoziiert, was letztlich in der Makrothrombozytopenie resultiert[173]. Somit könnte die im Rahmen der vorliegenden Arbeit identifizierte deutlich verringerte Myosin-9 Konzentration der MDS-Blutplättchen nicht nur für das defekte Spreadingsverhalten, sondern auch für die Ausbildung des erhöhten MPV verantwortlich sein.

3.3.4 Untersuchung der Aggregationsfähigkeit

Das gestörte Spreadingverhalten, *inside-out-* und *outside-in-signaling* der MDS-Thrombozyten weisen auf einen generellen Defekt der integrin-abhängigen Thrombozytenaggregation beim MDS hin. Allerdings ist die Formveränderung der Blutplättchen keine Grundvoraussetzung für die Aggregation, da beispielsweise Adrenalin-Stimulation der Thrombozyten eine Aggregation ohne Spreading auslöst oder Cytochalasin B eine Formveränderung ohne Aggregation bewirkt[174,175]. Daher wird im Rahmen der vorliegenden Arbeit zusätzlich das Aggregationsverhalten der MDS-Blutplättchen untersucht. Dass Thrombozyten von MDS-Patienten in diesem Bereich Defekte aufweisen, wurde bereits seit den 1980er Jahren mehrfach publiziert, häufig konnten die Autoren jedoch kein Muster bezüglich der verwendeten Stimuli zeigen oder einen zugrundeliegenden Defekt finden, wodurch Blutungsereignisse bei MDS-Patienten eher der Thrombozytopenie denn einer möglichen Funktionsstörung der Blutplättchen zugeschrieben wurden[80-83]. Erst in den letzten Jahren wurden Aggregationsdefekte und Blutungsereignisse in MDS-Patienten untersucht, welche sich nicht allein durch die verminderte Thrombozytenzahl erklären ließen, doch auch ohne Muster oder Gründe dafür zu finden[85-87]. In der vorliegenden Arbeit wurden die Thrombozyten nach einem Routineprotokoll des Institut für Klinische Chemie des Universitätsklinikums Düsseldorf mit den 4 verschiedenen Agonisten ADP, Kollagen, Arachidonsäure und Ristocetin behandelt und die Aggregation über einen Zeitraum von 20 min beobachtet. Die Auswertung des Aggregationsverhaltens von 11 Gesundspendern und 58 MDS-Patienten ist in Abbildung 3.22 dargestellt.

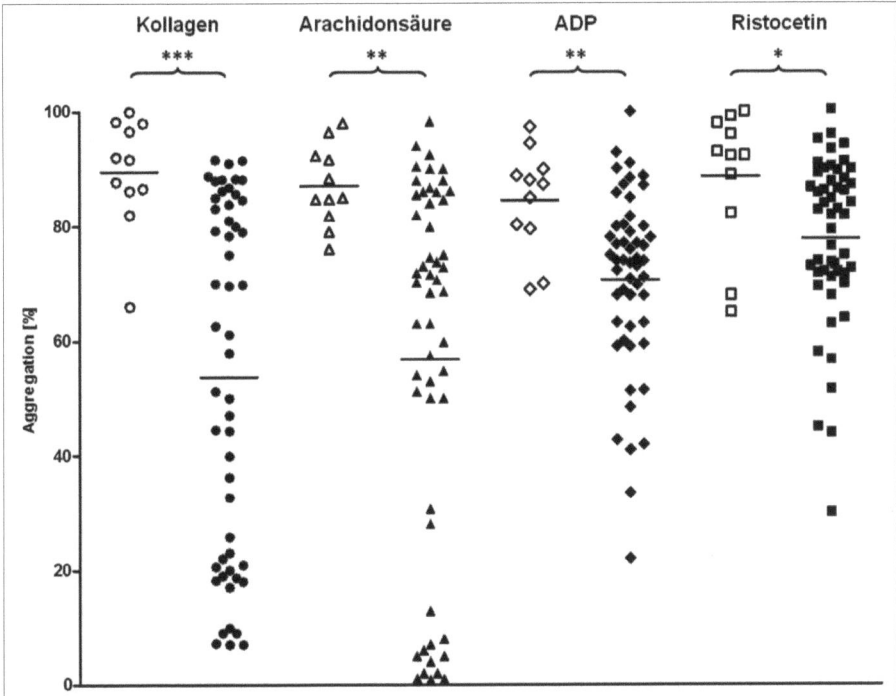

Abbildung 3.22: Vergleich der Aggregation gesunder und MDS-Thrombozyten

Abbildung 3.22 zeigt die durch Zugabe der 4 Agonisten Kollagen (Kreise), Arachidonsäure (Dreiecke), ADP (Rauten) und Ristocetin (Quadrate) erzeugten Aggregationswerte von 11 Gesundspendern und 58 MDS-Patienten. Aufgrund der großen Heterogenität der Messwerte der MDS-Patienten wurde von einer reinen Darstellung des Mittelwertes (jeweils die schwarze waagerechte Linie) abgesehen und zusätzlich die Messwerte jedes einzelnen Patienten als Punktwolke wiedergegeben. Sehr deutlich wird diese Heterogenität in der Darstellung der Aggregation als Antwort auf die Zugabe von Kollagen (erste und zweite Punktwolke). Während die Thrombozyten der 11 Gesundspender neben einem Ausreißer (66%) alle Aggregationswerte zwischen 82% und 100% annehmen und im Mittel zu 90% aggregieren, ergeben sich bei den untersuchten 58 MDS-Patienten Werte zwischen 7% und 91% (Mittelwert 53%) und somit eine hoch signifikant niedrigere Aggregation (p=0,0002) als Antwort auf Kollagen-Stimulation. Die Punktwolke der MDS-Thrombozyten zeigt deutlich, dass die Blutplättchen etwa eines Drittels der Patienten ähnlich wie gesunde auf Kollagen reagieren, aber ebenso ein weiteres Drittel, deren Thrombozyten mit Aggregationswerten <20% fast keine Reaktion zeigen. Die Aggregationsantwort des verbleibenden Drittels verteilt sich auf sämtliche Werte dazwischen. Ein ähnliches Bild zeigt sich bei der Aggregation als Antwort auf Arachidonsäure-Stimulation (dritte und vierte Punktwolke). Gegenüber der homogenen Punktwolke der Gesundspender (Mittelwert 87,1%; Intervall 76% - 98%) ergibt sich bei den MDS-Patienten wiederum eine deutliche Teilung zwischen Patienten, deren Blutplättchen annähernd normal reagieren und Patienten, deren Thrombozyten quasi keine Reaktion auf diese Stimulation zeigen (Mittelwert 54%; Intervall 1% - 98%). Daraus ergibt sich ebenso eine bei MDS hoch signifikant verminderte Aggregation (p=0,002) als Antwort auf Arachidonsäure. Weiterhin zeigt Abbildung 3.22 eine bei MDS-Patienten signifikant niedrigere Aggregation nach ADP- und Ristocetin-Zugabe (fünfte bis achte Punktwolke, p=0,006 und p=0,02). Auch bei diesen beiden Agonisten ist die Antwort der MDS-Patienten mit Werten zwischen 22% und 100% (Mittelwert 70,4%) sowie 30% und 95% (Mittelwert 77,4%) deutlich heterogener als bei gesunden Blutplättchen (69% - 97%, Mittelwert 84,6% und 65% - 100%, Mittelwert 88,7%). Verglichen mit den Punktwolken der ersten beiden Agonisten jedoch zeigt sich hierbei keine Unterteilung in zwei oder mehr unterschiedlich reagierende Populationen und ebenso keine Patienten, deren Blutplättchen überhaupt nicht auf diese Agonisten reagieren (<20%). MDS-Thrombozyten zeigen somit bzgl. aller 4 getesteten Agonisten eine signifikant verringerte Aggregationsfähigkeit. Der Grad der Störung ist bei der Antwort auf Arachidonsäure und Kollagen deutlich größer als bei der Antwort auf ADP und Ristocetin.

Von den untersuchten 58 MDS-Patienten reagierten die Thrombozyten von weniger als einem Drittel (18 Patienten; 31%) mit normalen Aggregationsantworten (>70%) auf alle vier Agonisten und vier Patienten (7%) lagen bei ein oder zwei Agonisten knapp unterhalb des Referenzbereichs, was als leichter Defekt des Aggregationsverhalten gewertet werden kann. Insgesamt sieben Patienten (12%) zeigten eine verminderte Aggregation (50% - 70%) auf mindestens einen Agonisten. Mit 29 Patienten zeigten genau die Hälfte der untersuchten MDS-Patienten eine stark verminderte Aggregation (<50%) als Antwort auf mindestens einen Agonisten. Davon waren bei 9 Patienten ein Agonist, bei 12 Patienten zwei Agonisten und bei 6 Patienten drei Agonisten betroffen während ein Patient auf keinen der vier Agonisten eine Aggregation >50% zeigte. Somit zeigten insgesamt 69% der untersuchten 58 MDS-Patienten ein defektes Aggregationsverhalten (<70%). Dieser Wert ist vergleichbar mit denen bisheriger Veröffentlichungen zur Thrombozytenaggregation bei MDS, wobei die im Rahmen der vorliegenden Arbeit untersuchte Patientenkohorte die bis dato größte darstellt (siehe Tabelle 3.4).

Tabelle 3.4: Literaturvergleich Thrombozytenaggregation bei MDS – Teil 1

Erstautor	Jahr der Veröffentlichung	Anzahl untersuchter Patienten	Anteil der Patienten mit Aggregationsdefekt (%)
Zeidman[85]	1999	23	16 (70%)
Manoharan[86]	2002	48	35 (73%)
Girtovitis[87]	2007	26	21 (81%)
Fröbel	2012	58	40 (69%)

Betrachtet man die Aggregationsdefekte der MDS-Patienten als Antwort auf die verwendeten vier Agonisten im Einzelnen unterscheiden sich die Literaturangaben zum Teil drastisch, was jedoch an den teilweise sehr kleinen untersuchten Patientenkohorten liegen kann (siehe Tabelle 3.5). Im Mittelwert aller Veröffentlichungen jedoch passen die hier gemessenen Aggregationsdefekte zu den Angaben aus der Literatur.

Tabelle 3.5: Literaturvergleich Thrombozytenaggregation bei MDS – Teil 2

Erstautor	Jahr	Untersuchte Patienten	Patienten mit Aggregationsdefekt (%)			
			Kollagen	Arachidonsäure	ADP	Ristocetin
Lintula[80]	1981	14	12 (86%)	x	7 (50%)	7 (50%)
Stuart[81]	1982	9	2 (22%)	x	7 (78%)	x
Pamphilon[82]	1984	17	7 (41%)	x	0 (0%)	0 (0%)
Raman[83]	1989	5	4 (80%)	4 (80%)	4 (80%)	x
Zeidman[85]	1999	23	4 (18%)	11 (48%)	13 (57%)	5 (22%)
Girtovitis[87]	2007	26	12 (46%)	x	14 (54%)	10 (38%)
Summe		**94**	**41 (44%)**	**15 (54%)**	**45 (48%)**	**22 (28%)**
Fröbel	2012	58	35 (60%)	31 (53%)	23 (40%)	12 (21%)

Tabelle 3.5 zeigt die Anzahl sowie den prozentualen Anteil der untersuchten MDS-Patienten von sechs veröffentlichten Studien, welche Aggregationsdefekte als Antwort auf die einzelnen Agonisten ausweisen. In der vorletzten Zeile sind die Mittelwerte all dieser Veröffentlichungen dargestellt verglichen mit den in der vorliegenden Arbeit erzeugten Ergebnissen in der letzten Zeile. Wie den Tabellen 3.4 und 3.5 zu entnehmen ist, wird die Thrombozytenaggregation von MDS-Patienten bereits seit Anfang der 1980er Jahre, wenn auch mit teils sehr kleinen Patientenkohorten, untersucht und seitdem sind bereits Fehlfunktionen der MDS-Thrombozyten in diesem Bereich bekannt.

So wurde in allen sechs Studien ein Aggregationsdefekt als Antwort auf eine Kollagen-Stimulation der Blutplättchen festgestellt. Im Mittel waren davon etwa die Hälfte der untersuchten Patienten betroffen (44%). Dieser Anteil liegt in der im Rahmen der vorliegenden Arbeit untersuchten Kohorte mit 60%

deutlich höher, wobei die Aggregation von 2 Patienten mit 69,6% und 69,8% nur sehr knapp unterhalb des Referenzbereichs (>70%) liegen und nur aus Gründen der Vergleichbarkeit mit den anderen Veröffentlichungen als Aggregationsversager gewertet wurden, während man klinisch bei solchen Werten noch nicht von einer defekten Aggregation sprechen würde.

Die Aggregationsantwort auf den sekundären Stimulus Arachidonsäure wurde nur in zwei Studien untersucht, der mittlere Anteil von Patienten mit Defekten (54%) stimmt allerdings sehr gut mit dem in der vorliegenden Arbeit ermittelten (53%) überein.

Die Aggregationsantwort auf ADP-Stimulation wurde wiederum von allen Studien untersucht, wobei mit Ausnahme einer Studie überall ein großer Anteil der Patienten Defekte aufwiesen. Im Mittelwert waren davon 48% aller untersuchten MDS-Patienten betroffen und somit ein höherer Anteil als in der vorliegenden Arbeit (40%).

Auch die Ristocetin-induzierte Aggregation der MDS-Thrombozyten wurde bereits von 4 Arbeitsgruppen untersucht und ein mittlerer Anteil von 28% der untersuchten Patienten wiesen Defekte in diesem Bereich auf. Von den in der vorliegenden Arbeit untersuchten MDS-Patienten weist mit 21% ein kleinerer Anteil eine solch verminderte Aggregation auf.

Funktionell gesehen reagierten MDS-Thrombozyten somit deutlich schlechter als gesunde Blutplättchen auf die integrin-abhängigen Agonisten Kollagen und Arachidonsäure, was die Aussagen der Proteomics-Daten, Aktivierungsstudien und des Spreadingverhaltens bestätigt und sich ebenso in der Literatur wiederfindet. Es fand sich auch eine bereits aus der Literatur bekannte verminderte Aggregationsantwort auf den ebenso integrin-abhängigen Agonisten ADP, wenngleich auch nicht so ausgeprägt wie im Falle von Kollagen und Arachidonsäure. Dies könnte auf die beiden purinergen ADP-Rezeptoren $P2Y_1$ und $P2Y_{12}$ zurückzuführen sein, von denen nur einer direkt abhängig ist von CLIC1 (*chloride intracellular channel protein 1*), welches in den Proteomics-Daten als das in MDS-Thrombozyten am stärksten verminderte Protein (*Fold Change* -6,09) identifiziert wurde. Erst kürzlich wurde herausgefunden, dass die Abwesenheit dieses Proteins in Mäusen eine verminderte ADP-vermittelte Aggregation auslöst, welche von $P2Y_{12}$ jedoch nicht von $P2Y_1$ abhängig ist[146]. Weiterhin zeigten die MDS-Thrombozyten ein ebenso in der Literatur belegtes vermindertes Aggregationsverhalten als Antwort auf den GPIIb/IIIa-unabhängigen Agonisten Ristocetin, welcher eine Agglutination auslöst anstelle einer Aggregation[176]. Diese Störung der Ristocetin-vermittelten Thrombozytenaggregation fällt allerdings sowohl bezüglich der Häufigkeit unter den MDS-Patienten als auch des Schweregrades der Störung bei den einzelnen Betroffenen deutlich geringer aus, als die Störung der integrin-abhängigen Aggregation als Antwort auf Stimulation mit Kollagen, Arachidonsäure und ADP. Diese trotz ihrer Unabhängigkeit vom GPIIb/IIIa-Signalweg verminderte Agglutination in den MDS-Thrombozyten könnte sich in deren in den Proteomics-Studien entdeckter verringerter Myosin-9 Konzentration begründen, da ähnliche reduzierte Aggregationsantworten auf Ristocetin-Stimulation beispielsweise bei Patienten mit MYH9-assoziierten Syndromen bekannt sind[177].

3.4 Korrelation mit klinischen Daten

Aufgrund der Aggregationsantworten der untersuchten MDS-Patienten, die sich in Schweregrad und Agonist teilweise deutlich unterscheiden, wurde anschließend untersucht, ob die Aggregationsfähigkeit der Thrombozyten mit klinischen Parametern der Patienten korreliert. Dazu wurde die Abhängigkeit der Aggregometrie-Ergebnisse von den in Tabelle 3.1 aufgeführten Patientencharakteristika (Alter, Geschlecht, WHO Subtyp, IPSS, Blastenanteil im Knochenmark, Thrombozytenzahl, MPV und zytomorphologische Dysplasiezeichen der Megakaryopoese) sowie zusätzlich dem Karyotyp, Blutungsereignissen und dem Übergang in eine AML bestimmt. Die statistische Analyse per

Häufigkeitstabellen und χ^2-Test aller Parameter ergab, dass die Thrombozytenzahl den größten Einfluss auf die Aggregation hat, dieser ist in Abbildung 3.23 dargestellt.

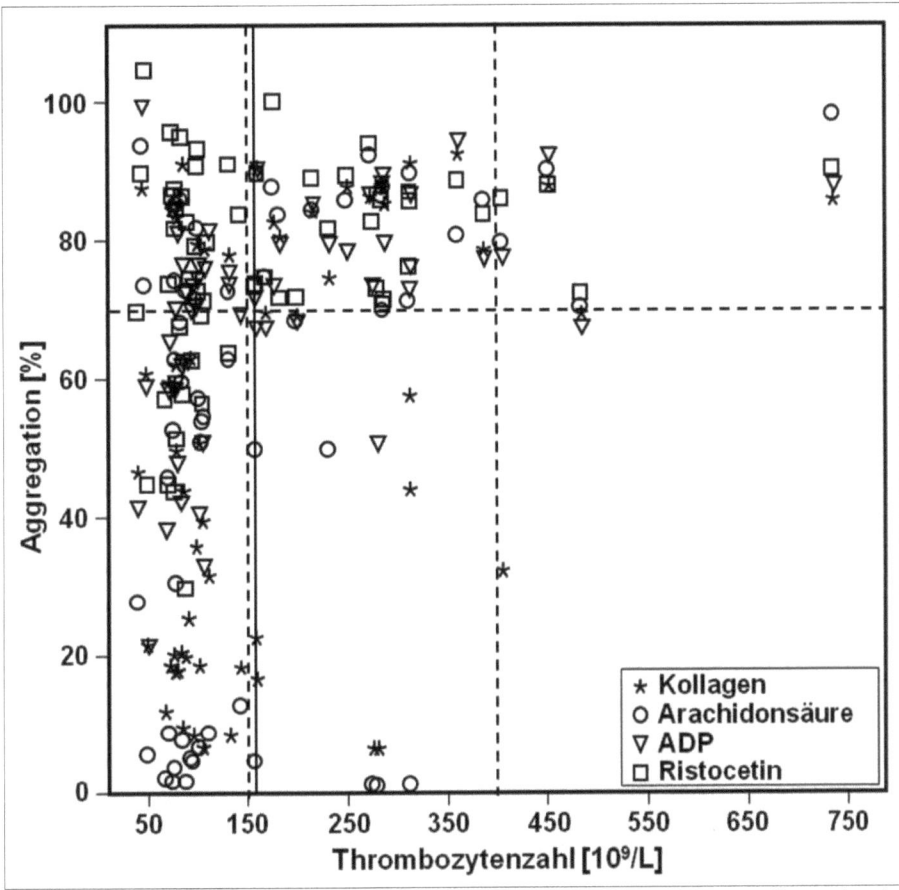

Abbildung 3.23: Statistische Korrelation von Thrombozytenzahl und Aggregationsantwort

Abbildung 3.23 zeigt die Aggregationsergebnisse der vier getesteten Agonisten auf der y-Achse gegen die Thrombozytenzahl jedes einzelnen der untersuchten 58 MDS-Patienten auf der x-Achse. Für jeden Patienten ist das Aggregometrie-Ergebnis als Antwort auf Kollagen, Arachidonsäure, ADP und Ristocetin einzeln dargestellt. Weiterhin ist der physiologische Bereich der Thrombozytenzahl (150-400x10^9/L) mittels zwei senkrechten sowie der Referenzbereich der Aggregometrie (>70%) mit einer waagerechten gestrichelten Linie markiert. Es ist deutlich zu erkennen, dass Patienten mit niedriger Thrombozytenzahl häufiger Aggregationsdefekte aufweisen als Patienten mit physiologischer oder erhöhter Thrombozytenzahl. Von den vier Patienten, welche mit einer Thrombozytenzahl >400x10^9/L untersucht wurden, zeigte ein Patient eine deutlich erniedrigte Aggregationsantwort auf Kollagen, ein weiterer Patient zeigte eine grenzwertig erniedrigte Antwort auf alle vier Agonisten. Von den 21 untersuchten Patienten mit Thrombozytenzahlen im physiologischen Bereich wiesen 9 Patienten (43%) Aggregationsantworten <70% auf. Am häufigsten traten in dieser Gruppe Defekte bei Stimulation mit Kollagen und Arachidonsäure auf (33%, je 7 Patienten), seltener und gleichzeitig nicht so schwerwiegend bei Stimulation mit ADP (19%, 4 Patienten) während alle Patienten dieser Gruppe eine normale Aggregationsantwort auf Ristocetin zeigten. Die größten Probleme bei der Aggregation zeigten sich in der Patientengruppe mit Thrombozytenzahlen <150x10^9/L. Von den untersuchten 33 MDS-Patienten dieser Gruppe zeigten 26 (79%) eine defekte Aggregationsantwort auf Kollagen, 24 (73%) auf Arachidonsäure, 18 (55%) auf ADP und 12 (37%) auf Ristocetin. Die statistische Korrelation der gemessenen Aggregationswerte mit der Thrombozytenzahl ergab einen *cut-off* bei 157x10^9/L Thrombozyten (durchgezogene senkrechte Linie). Bei MDS-Patienten mit Thrombozytenzahlen unterhalb dieses Wertes kommt ein Aggregationsdefekt signifikant häufiger vor als bei MDS-Patienten mit höheren Thrombozytenzahlen (77% vs. 21%, p=0,0001), obwohl die mittlere Thrombozytenzahl dieser Gruppe mit 89x10^9/L nicht allein für den Defekt verantwortlich gemacht werden kann und erneut auf einen funktionalen Defekt hinweist. Weiteren Einfluss auf das Aggregometrie-Ergebnis der MDS-Patienten hatte deren WHO-Subtyp sowie IPSS. Während Patienten mit einem MDS del(5q) verglichen mit den anderen Subtypen eine signifikant niedrigere Inzidenz für den Aggregationsdefekt hatten (22% vs. 61%, p=0,01), war diese bei Patienten mit einer CMML signifikant erhöht (78% vs. 51%, p=0,043). Weiterhin korrelierte eine schlechtere Prognose der MDS-Patienten in Form des IPSS mit einem größeren Defekt in der Aggregation, so dass alle Patienten mit IPSS „High" den Defekt aufwiesen (p=0,01). Ebenso hatten alle Patienten, bei denen Blutungsereignisse bekannt waren den Defekt, aufgrund der kleinen Anzahl dieser Patienten ergab sich jedoch kein signifikanter Unterschied.

4 Fazit

Von der Thrombozytenzahl unabhängige Blutungsereignisse sind ein großes klinisches Problem bei MDS-Patienten[78,79]. Die Existenz eines bisher nicht aufgeklärten funktionellen Defekts der Thrombozyten könnte Blutungskomplikationen bei MDS-Patienten mit niedriger Thrombozytenzahl verstärken und generell das Auftreten von Komplikationen während invasiver Eingriffe bei MDS-Patienten, auch mit ausreichenden Thrombozytenzahlen, erhöhen. Seit den 1980er Jahren wurde ein solcher Defekt anhand von Aggregometrie-Daten zwar mehrfach vermutet[80-83,85-87], es wurde jedoch nicht aufgeklärt, ob die abnormale Hämostase in MDS einem systematischen Fehler bzw. einer bestimmten Thrombozyten-intrinsischen Pathologie unterliegt.

Wurden die Thrombozyten von den Megakaryozyten abgeschnürt, beinhalten sie bereits sämtliche Proteine, welche für ihre Funktion notwendig sind. Daher bildet die quantitative Analyse des Thrombozytenproteoms eine ideale Methode um einen eventuell vorliegenden intrinsischen Defekt dieser Zellen aufzudecken, der zu einer funktionellen Einschränkung der Thrombozyten beitragen könnte. Die in dieser Arbeit durchgeführte Analyse des Proteoms von gesunden und MDS-Blutplättchen identifizierte insgesamt 16 Proteine mit unterschiedlichem Expressionslevel in gesunden und MDS-Thrombozyten. Davon waren mit 14 Proteinen 88% niedriger konzentriert als in gesunden Blutplättchen, was suggerierte, dass ein funktioneller Defekt der Thrombozyten aus den inadäquaten Mengen dieser Proteine resultieren könnte.

Diese Hypothese wurde weiterhin unterstützt von den durchgeführten *Ingenuity Network* und *Pathway* Analysen, welche zeigten, dass ein Großteil der niedriger exprimierten Proteine essentiell für die Funktion des Integrin-Signalweges sind, dessen einwandfreie Funktion, vor allem des Integrinkomplexes α_{IIb}/β_3 (Fibrinogenrezeptor), entscheidend für die Thrombozytenaggregation und Hämostase ist[69,105].

Unter den Proteinen mit niedrigerer Expression in MDS-Thrombozyten waren unter anderem Talin-1 und Kindlin-3, welche beide an die $β_3$-Untereinheit des Fibrinogenrezeptors binden, der Prozess, welcher als der finale Schritt für die Rezeptoraktivierung gilt[67,69,70,111,112]. Die Proteine der Kindlin-Familie sowie die Schwanz-Domäne von Talin-1 bilden weiterhin wichtige Verbindungen zwischen der $β_3$-Untereinheit und den Aktinfilamenten des Zytoskeletts aus, welche notwendig für die Initiation der nachfolgenden Formveränderung der Thrombozyten sind[111,112]. Diese beiden Signale sind absolut erforderlich für die Thrombozytenfunktion und ein Fehlen von Talin-1 oder Kindlin-3 wurde bereits *in vivo* mit einer verhinderten Integrin $α_{IIb}/β_3$-Aktivierung und einem daraus folgendem Verlust der Thrombozytenkontraktions- und -aggregationsfähigkeit belegt[68,69,113].

Die reduzierte Expression dieser beiden Proteine sowie ihre zentrale Rolle bei der Integrinaktivierung deuten auf eine abnormale Funktion des Integrins $α_{IIb}/β_3$ in MDS-Thrombozyten hin. Obwohl die Expressionslevel verschiedener thrombozytärer Oberflächenrezeptoren sowie die frühen Aktivierungsstadien der MDS-Blutplättchen (Kalziumflux und Granula-Ausschüttung) als Antwort auf verschiedene Thrombozyten-aktivierende Agonisten nicht beeinträchtigt waren, zeigten die MDS-Thrombozyten ein vermindertes *inside-out-signaling* dieses Integrins. Ebenso war das Spreadingverhalten auf immobilisiertem Fibrinogen in MDS-Thrombozyten nahezu vollständig unterbunden, was nicht nur von der Aktivierung des Integrins $α_{IIb}/β_3$, sondern ebenso von der Funktion der Proteine Vinculin, Filamin-A, Aktin und Myosin-9 abhängig ist, welche in den MDS-Thrombozyten ebenfalls niedriger exprimiert waren als in gesunden Blutplättchen. Ein Verlust von Vinculin oder Filamin-A konnte durch shRNA-Experimente bereits als Grund für eine reduzierte zytoskelettale Mechanik und vermindertes Spreadingverhalten von Zellen identifiziert werden[122,123,128].

Die reduzierte Expression der beiden zytoskelettalen Proteine Aktin und Myosin-9 verstärkt diese Effekte noch weiter, was gleichzeitig erklären könnte, warum der Defekt der MDS-Thrombozyten in den Versuchen zur Formveränderung sehr viel deutlicher zu sehen war als in den Aktivierungsstudien des Integrins α_{IIb}/β_3 allein. Dass die Funktionen des Integrinkomplexes, welche von der Talin-1 und Kindlin-3 Bindung unabhängig sind (Aktivierung des Fibrinogenrezeptors durch $MnCl_2$-Stimulation[168], Adhäsion der Thrombozyten an Fibrinogen[169]), in den MDS-Thrombozyten intakt waren, deutete auf einen spezifischen Defekt des bidirektionalen Integrin-*signalings* hin, welcher auf der reduzierten Expression essentieller Signalproteine wie Talin-1, Kindlin-3, Vinculin, Filamin-A, Aktin und Myosin-9 basiert. Dieser zeichnet ebenso verantwortlich für den Aggregationsdefekt der MDS-Blutplättchen als Antwort auf die integrin-abhängigen Agonisten Kollagen, Arachidonsäure und ADP. Der ebenso aufgedeckte Agglutinationsdefekt in der Antwort auf Ristocetin-Stimulation lässt sich nicht mit dieser defekten Integrinaktivierung erklären, ist jedoch, wie bereits aus Aggregationsdaten von MYH9-assoziierten Syndromen bekannt[177], eng mit der reduzierten Myosin-9 Expression verbunden, welche in den MDS-Thrombozyten gemessen wurde. Diese Aggregationsdefekte wurden bereits von anderen Gruppen, meist jedoch an deutlich kleineren Patientenkohorten, für MDS beschrieben, konnten bis dato jedoch nicht allein anhand der Patientencharakteristika geklärt werden[80-83,85-87].

Die in dieser Arbeit erzeugten Aggregometrie-Daten korrelierten mit der Thrombozytenzahl der Patienten, deren WHO-Subtyp und IPSS und der Blutungsvorgeschichte. Insgesamt jedoch gibt die vorliegende Arbeit die ersten molekularen Einblicke in den Thrombozytenaggregationsdefekt in MDS über ein pathophysiologisches Modell, welches auf einer insuffizienten Signalkaskade rund um das Integrin α_{IIb}/β_3 basiert.

5 Ausblick

Betrachtet man den Phänotyp der MDS-Thrombozyten anhand der Ergebnisse der funktionellen Untersuchungen, so ähnelt dieser dem von konditionellen Talin-1 oder Kindlin-3 *knock-out* Mäusen[68,69,113]. Es wäre somit denkbar diesen mittels einer Überexpression beispielsweise von Talin-1 zu überwinden - dieser Ansatz enthält jedoch einige Schwierigkeiten. So zeigen beispielsweise von MDS-Patienten entnommene hämatopoietische Stammzellen nach Transplantation in die derzeit verfügbaren Mausmodelle nur ein marginales *Engraftment*[178,179] und es wurde bisher auch keine Möglichkeit gezeigt, in diesen Mäusen humane MDS-Thrombozyten zu erzeugen. Zudem erschwert der klonale Charakter der Myelodysplastischen Syndrome die Analyse *in vitro* generierter Thrombozyten. So ist es schwierig zwischen Blutplättchen, die vom MDS-Klon und vom verbliebenen gesunden Knochenmark gebildet wurden, zu unterscheiden. Ein weiteres Problem bildet die schlechte Aktivierbarkeit *in vitro* aus Stammzellen erzeugter Thrombozyten, selbst von gesunden Spendern. Außerdem wird die beschriebene verminderte Integrinaktivierung in MDS-Thrombozyten zwar hauptsächlich durch die reduzierten Mengen an Talin-1 und Kindlin-3 ausgelöst, der funktionale Defekt dieser Blutplättchen wird jedoch wahrscheinlich durch die ebenso verminderte Expression der anderen funktionell relevanten Proteine wie Vinculin, Filamin-A, Aktin und Myosin-9 noch verstärkt. Somit stellt sich weiterhin die Frage, welches Protein sollte man überhaupt für die Überexpression wählen?

Ein weiterer Ansatzpunkt, der sich durch den in der vorliegenden Arbeit gefundenen funktionalen Defekt der MDS-Thrombozyten ergibt, sind mögliche Konsequenzen für derzeit durchgeführte klinische Studien, welche den Nutzen neuer Thrombopoietin-Rezeptor Agonisten bei Myelodysplastischen Syndromen untersuchen. Diese die Thrombozytopoiese anregenden Peptide zeigten bereits eine hohe Effektivität bei Patienten mit idiopathischer thrombozytopener Purpura (ITP)[180,181] und werden derzeit auf einen potentiellen Nutzen bei MDS-Patienten untersucht. Teil des Erfolges dieser neuen Agenzien könnte neben ihrer Fähigkeit die Thrombozytenzahl zu erhöhen auch eine potentielle Wirkung auf den hier beschriebenen Integrin $α_{IIb}/β_3$ abhängigen Thrombozytendefekt in MDS sein. So zeigten kürzlich veröffentlichte Daten, dass diese Agonisten bevorzugt die verbliebenen gesunden hämatopoietischen Stamm- und Progenitorzellen stimulieren, während sie eine pro-apoptotische Wirkung auf Zellen des malignen Klons ausüben[182]. In diesem Kontext könnte es interessant sein Veränderungen der Thrombozytenfunktion bei MDS-Patienten, welche diese Medikamente bekommen, zu untersuchen. Eine Studie dazu, die wir in Zusammenarbeit mit den Herstellern des Medikaments durchführen werden, läuft derzeit an.

Anhang

Tabellenverzeichnis

Tabelle 1.1: Inzidenz von MDS im Stadtgebiet von Düsseldorf 1991-2002......5

Tabelle 1.2: FAB-Klassifikation der Myelodysplastischen Syndrome............10

Tabelle 1.3: WHO-Klassifikation der Myelodysplastischen Syndrome und myelodysplastischen / myeloproliferativen Mischformen...........12

Tabelle 1.4: Berechnungsgrundlagen des IPSS...17

Tabelle 1.5: Risikogruppen nach IPSS..17

Tabelle 1.6: Berechnungsgrundlagen des WPSS...18

Tabelle 1.7: Risikogruppen nach WPSS...18

Tabelle 2.1: Zusammensetzung der Gele für die SDS-PAGE........................37

Tabelle 2.2: Pufferzusammensetzung für die SDS-PAGE..............................37

Tabelle 2.3: Pufferzusammensetzung für die IEF...43

Tabelle 2.4: Kombination der Thrombozytenlysate für 2D-DIGE....................44

Tabelle 2.5: Laufbedingungen der IEF..46

Tabelle 2.6: Zusammensetzung der Lösungen für 2D-Gele...........................47

Tabelle 2.7: Pufferzusammensetzung für die Äquilibrierung & SDS-PAGE....48

Tabelle 2.8: Scanner-Einstellungen für 2D-DIGE...50

Tabelle 2.9: Schema für die Ruthenium-Fluoreszenz-Färbung......................56

Tabelle 2.10: Pufferzusammensetzung für die massenspektrometrische Analyse..................57

Tabelle 2.11: Kalibranten des SMART Calibration Algorithm.........................59

Tabelle 2.12: Mascot Suchparameter...61

Tabelle 2.13: Zusammensetzung der Lösungen für den Western Blot...........63

Tabelle 2.14: Verwendete Antikörper für den Western Blot............................63

Tabelle 2.15: Färbeansätze zur Thrombozyten-Analyse................................66

Tabelle 2.16: Verwendete Antikörper..72

Tabelle 3.1: Patientencharakteristika..........74
Tabelle 3.2: Übereinstimmende Peptidmassen des Spot 3b von Gel 2665...83
Tabelle 3.3: Identifizierte differentielle Spots in den pH-Bereichen 4-7 & 6-9. 87
Tabelle 3.4: Literaturvergleich Thrombozytenaggregation bei MDS - Teil 1. 135
Tabelle 3.5: Literaturvergleich Thrombozytenaggregation bei MDS - Teil 2. 136

Abbildungsverzeichnis

Abbildung 1.1: Schematische Darstellung der Hämatopoiese..........2
Abbildung 1.2: Mehrschrittpathogenese des MDS..........7
Abbildung 1.3: Schematische Darstellung der Thrombozytenbildung..........23
Abbildung 1.4:Thrombozytäre Hämostase auf Zell-Ebene..........27
Abbildung 1.5: Thrombozytäre Hämostase auf Protein-Ebene..........29
Abbildung 2.1: Strukturisomerie der CyDyes™..........39
Abbildung 2.2: Spektrale Eigenschaften der CyDyes™..........40
Abbildung 2.3: Prinzip der Isoelektrischen Fokussierung..........43
Abbildung 2.4: Prinzip der SDS-Polyacrylamidgelelektrophorese..........48
Abbildung 2.5: Schematischer Aufbau des Blotmoduls..........62
Abbildung 2.6: Schematische Darstellung des Aggregationstests..........64
Abbildung 2.7: Schematischer Aufbau des FACSCalibur..........68
Abbildung 2.8: Prinzip des Förster-Resonanz-Energie-Transfers..........70
Abbildung 3.1: Repräsentatives 2D-Gel der Thrombozytenlysate im
  pH-Bereich 4-7..........79
Abbildung 3.2: Repräsentatives 2D-Gel der Thrombozytenlysate im
  pH-Bereich 6-9..........80
Abbildung 3.3: Massenspektrum von Spot 3b auf Gel 2665..........82
Abbildung 3.4: Identifizierte differentielle Spots in den pH-Bereichen 4-7
  und 6-9..........86

Abbildung 3.5: Ingenuity Network Analysis der differentiell exprimierten Proteine..................89

Abbildung 3.6: Ingenuity Pathway Analysis der differentiell exprimierten Proteine im Integrin-Signalweg..................92

Abbildung 3.7: Immunologische Analyse des Proteingehalts ausgewählter MS-Ergebnisse..................100

Abbildung 3.8: MDS-Thrombozyten-Aktivierung und Aggregation auf Protein- und Zell-Ebene..................103

Abbildung 3.9: Durchflusszytometrische Analyse von Thrombozyten in Vollblutproben..................105

Abbildung 3.10: Analyse der Expressionslevel verschiedener thrombozytärer Rezeptoren..................106

Abbildung 3.11: Analyse der Oberflächendichte der thrombozytären Rezeptoren..................108

Abbildung 3.12: Analyse des aktivierungsbedingten thrombozytären Kalziumflux..................112

Abbildung 3.13: Aktivierungsbedingter Kalziumflux von gesunden und MDS-Thrombozyten..................112

Abbildung 3.14: Analyse der thrombozytären Degranulation..................115

Abbildung 3.15: Aktivierungsbedingte Degranulation gesunder und MDS-Thrombozyten..................116

Abbildung 3.16: Analyse der Kolokalisation von CD41 und Talin-1..................119

Abbildung 3.17: FRET-basierte Änderung der MFI gesunder und MDS-Thrombozyten..................120

Abbildung 3.18: Analyse der GPIIb/IIIa-Konformation gesunder Thrombozyten..................123

Abbildung 3.19: Vergleich der GPIIb/IIIa-Aktivierung gesunder und MDS-Thrombozyten..................124

Abbildung 3.20: Aktivierungsbedingte Formveränderung gesunder und
MDS-Thrombozyten 129

Abbildung 3.21: Spreading-Status Thrombin-aktivierter gesunder und
MDS-Thrombozyten 130

Abbildung 3.22: Vergleich der Aggregationsantworten gesunder und
MDS-Thrombozyten 133

Abbildung 3.23: Statistische Korrelation von Thrombozytenzahl und
Aggregationsantwort 139

Literaturverzeichnis

1. Bryder D, Rossi DJ, Weissman IL. Hematopoietic stem cells: the paradigmatic tissue-specific stem cell. Am J Pathol. 2006; 169(2): 338-46.

2. Rieger MA, Schroeder T. Hämatopoietische Stammzellen. BIOspektrum, 2007; 03.07: 254-7.

3. Michl M. BASICS Hämatologie. Elsevier Urban & Fischer, München, 1. Auflage, 2005.

4. Reya T, Morrison SJ, Clarke MF, Weissman IL. Stem cells, cancer, and cancer stem cells. Nature. 2001; 414(6859): 105-11.

5. University Medical Center Groningen (UMCG), Department of Experimental Hematology. http://www.rug.nl/umcg/faculteit/discipline groepen/interneGeneeskunde/Hematologie/researchlines/res1

6. Cheng T. Cell cycle inhibitors in normal and tumor stem cells. Oncogene. 2004; 23(43): 7256-66.

7. Jordan CT. The leukemic stem cell. Best Pract Res Clin Haematol. 2007; 20(1): 13-8.

8. Bernell P, Jacobsson B, Nordgren A, Hast R. Clonal cell lineage involvement in myelodysplastic syndromes studied by fluorescence in situ hybridization and morphology. Leukemia. 1996; 10(4): 662-8.

9   Bennett JM, Catovsky D, Daniel MT, Flandrin G, Galton DA, Gralnick HR, Sultan C. Proposals for the classification of the myelodysplastic syndromes. Br J Haematol. 1982; 51(2): 189-99.

10 Germing U, Strupp C, Kündgen A, Bowen D, Aul C, Haas R, Gattermann N. No increase in age-specific incidence of myelodysplastic syndromes. Haematologica. 2004; 89(8): 905-10.

11 Neukirchen J, Schoonen WM, Strupp C, Gattermann N, Aul C, Haas R, Germing U. Incidence and prevalence of myelodysplastic syndromes: data from the Düsseldorf MDS-registry. Leuk Res. 2011; 35(12): 1591-6.

12 Aul C, Gattermann N, Schneider W. Age-related incidence and other epidemiological aspects on myelodysplastic syndromes. Br J Haematol. 1992; 82(2): 358-67.

13 Aul C, Bowen DT, Yoshida Y. Pathogenesis, etiology and epidemiology of myelodysplastic syndromes. Haematologica. 1998; 83(1): 71-86.

14 Dokal I. Dyskeratosis congenita in all its forms. Br J Haematol. 2000; 110(4): 768-79.

15 Lucas GS, West RR, Jacobs A. Familial myelodysplasia. Br J Med. 1989; 299(6698): 551.

16 Nordling CO. A new theory on cancer-inducing mechanism. Br J Cancer. 1953; 7(1): 68-72.

17 Knudson AG Jr. Mutation and cancer: statistical study of retinoblastoma. Proc Natl Acad Sci U S A. 1971; 68(4): 820-3.

18 Nolte F, Hofmann WK. Myelodysplastic syndromes: molecular pathogenesis and genomic changes. Ann Hematol. 2008; 87(10): 777-95.

19 Schmitt-Graeff A, Mattern D, Köhler H, Hezel J, Lübbert M. Myelodysplastic syndromes (MDS). Aspects of hematopathologic diagnosis. Pathologe. 2000; 21(1): 1-15. Review.

20 Bejar R, Levine R, Ebert BL. Unraveling the molecular pathophysiology of myelodysplastic syndromes. J Clin Oncol. 2011; 29(5): 504-15.

21 Germing U, Gattermann N, Arbeitskreis „Literatur" der Deutschen Leukämie- & Lymphom-Hilfe e.V. MDS - Myelodysplastische Syndrome, Informationen für Patienten und Angehörige. Hrsg. Chugai Pharma Marketing Ltd., Frankfurt am Main, 5. Auflage, 2009.

22 Germing U, Gattermann N, Strupp C, Aivado M, Aul C. Validation of the WHO proposals for a new classification of primary myelodysplastic syndromes: a retrospective analysis of 1600 patients. Leuk Res. 2000; 24(12): 983-92.

23 Germing U, Strupp C. Zytomorphologie der Myelodysplastischen Syndrome. In: Germing U, Haas R (Hrsg.). Myelodysplastische Syndrome, Bilanz des aktuellen Wissens. Düsseldorf University Press, Düsseldorf, 2009.

24 Haase D, Germing U, Schanz J, Pfeilstöcker M, Nösslinger T, Hildebrandt B, Kundgen A, Lübbert M, Kunzmann R, Giagounidis AA, Aul C, Trümper L, Krieger O, Stauder R, Müller TH, Wimazal F, Valent P, Fonatsch C, Steidl C. New insights into the prognostic impact of the karyotype in MDS and correlation with subtypes: evidence from a core dataset of 2124 patients. Blood. 2007; 110(13): 4385-95.

25 Haase D. Zytogenetische Merkmale von myelodysplastischen Syndromen. In: Germing U, Haas R (Hrsg.). Myelodysplastische Syndrome, Bilanz des aktuellen Wissens. Düsseldorf University Press, Düsseldorf, 2009.

26 Germing U, Hossfeld DK, Gattermann N, Strupp C, Aivado M, Haas R, Aul C. Myelodysplastische Syndrome: Neue WHO-Klassifikation und Aspekte zur Pathogenese, Prognose und Therapie. Dtsch Ärztebl. 2001; 98(36): A-2272 / B-1940 / C-1824.

27 Löffler H, Rastetter J, Haferlach T. Atlas der klinischen Hämatologie. Springer-Verlag, Berlin, 6. Auflage, 2004.

28 Garcia-Manero G, List A, Kantarjian H, Cortes JE. Myelodysplastic Syndromes. In: Pazdur R, Wagman LD, Camphausen KA, Hoskins WJ (eds). Cancer management Handbook. UBM Medica LLC, 13th edition, 2011.

29   Gattermann N, Aul C, Schneider W. Two types of acquired idiopathic sideroblastic anaemia (AISA). Br J Haematol. 1990; 74(1): 45-52.

30   Bennett JM. World Health Organization classification of the acute leukemias and myelodysplastic syndrome. Int J Hematol. 2000; 72(2): 131-3. Review.

31   Brunning RD, Orazi A, Germing U, Le Beau MM, Porwit A, Bauman I, Vardiman JW, Hellström-Lindberg E. Myelodysplastic syndromes/ neoplasms, overview. In: Swerdlow SH, Campo E, Harris NL, Jaffe ES, Pileri SA, Stein H, Thiele J, Vardiman JW (eds.). World Health Organization Classification of Tumours of Haematopoietic and Lymphoid Tissues. IARC Press, Lyon, 2008: 88-93.

32   Germing U, Aul C, Niemeyer CM, Haas R, Bennett JM. Epidemiology, classification and prognosis of adults and children with myelodysplastic syndromes. Ann Hematol. 2008; 87(9): 691-9.

33   Germing U, Strupp C, Knipp S, Kuendgen A, Giagounidis A, Hildebrandt B, Aul C, Haas R, Gattermann N, Bennett JM. Chronic myelomonocytic leukemia in the light of the WHO proposals. Haematologica. 2007; 92(7): 974-7.

34   Schmitt-Graeff A, Thiele J, Zuk I, Kvasnicka HM. Essential thrombocythemia with ringed sideroblasts: a heterogeneous spectrum of diseases, but not a distinct entity. Haematologica. 2002; 87(4): 392-9.

35   Zipperer E, Wulfert M, Germing U, Haas R, Gattermann N. MPL 515 and JAK2 mutation analysis in MDS presenting with a platelet count of more than 500 x 10(9)/l. Ann Hematol. 2008; 87(5): 413-5.

36   Greenberg P, Cox C, LeBeau MM, Fenaux P, Morel P, Sanz G, Sanz M, Vallespi T, Hamblin T, Oscier D, Ohyashiki K, Toyama K, Aul C, Mufti G, Bennett J. International scoring system for evaluating prognosis in myelodysplastic syndromes. Blood. 1997; 89(6): 2079-88.

37   Heaney ML, Golde DW. Myelodysplasia. N Engl J Med. 1999; 340(21): 1649-60.

38 Malcovati L, Germing U, Kuendgen A, Della Porta MG, Pascutto C, Invernizzi R, Giagounidis A, Hildebrandt B, Bernasconi P, Knipp S, Strupp C, Lazzarino M, Aul C, Cazzola M. Time-dependent prognostic scoring system for predicting survival and leukemic evolution in myelodysplastic syndromes. J Clin Oncol. 2007; 25(23): 3503-10.

39 Bennett JM. Myelodysplastische Syndrome verstehen: Ein Handbuch für Patienten. Publikation der Myelodysplastic Syndromes Foundation, Inc.© 6. Ausgabe, 2009.

40 Hofmann WK, Platzbecker U, Mahlknecht U, Stauder R, Passweg J, Germing U. Myelodysplastische Syndrome (MDS), Leitlinie. Empfehlungen der Fachgesellschaft zur Diagnostik und Therapie hämatologischer und onkologischer Erkrankungen. Berlin, 2011.

41 Medizinische Klinik II, Onkologie, Hämatologie, Immunologie, St. Johannes-Hospital Duisburg. FAQ: Myelodysplastische Syndrome (MDS). http://www.krebs-duisburg.de/myelo.htm

42 Shayegi N, Stadler M, Gattermann N. Supportive Therapie und Einsatz von Zytokinen und ATG zur Behandlung der ineffektiven Hämatopoese bei Patienten mit MDS. In: Germing U, Haas R (Hrsg.). Myelodysplastische Syndrome, Bilanz des aktuellen Wissens. Düsseldorf University Press, Düsseldorf, 2009.

43 Quintás-Cardama A, Santos FP, Garcia-Manero G. Histone deacetylase inhibitors for the treatment of myelodysplastic syndrome and acute myeloid leukemia. Leukemia. 2011; 25(2): 226-35.

44 Kuendgen A, Lübbert M. Current status of epigenetic treatment in myelodysplastic syndromes. Ann Hematol. 2008; 87(8): 601-11.

45 Christman JK. 5-Azacytidine and 5-aza-2'-deoxycytidine as inhibitors of DNA methylation: mechanistic studies and their implications for cancer therapy. Oncogene. 2002; 21(35): 5483-95.

46 Kaushansky K. Historical review: megakaryopoiesis and thrombopoiesis. Blood. 2008; 111(3): 981-6.

47 Ravid K, Lu J, Zimmet JM, Jones MR. Roads to polyploidy: the megakaryocyte example. J Cell Physiol. 2002; 190(1): 7-20.

48 Reems JA, Pineault N, Sun S. In vitro megakaryocyte production and platelet biogenesis: state of the art. Transfus Med Rev. 2010; 24(1): 33-43.

49 Patel SR, Hartwig JH, Italiano JE Jr. The biogenesis of platelets from megakaryocyte proplatelets. J Clin Invest. 2005; 115(12): 3348-54.

50 Richardson JL, Shivdasani RA, Boers C, Hartwig JH, Italiano JE Jr. Mechanisms of organelle transport and capture along proplatelets during platelet production. Blood. 2005; 106(13): 4066-75.

51 Junt T, Schulze H, Chen Z, Massberg S, Goerge T, Krueger A, Wagner DD, Graf T, Italiano JE Jr, Shivdasani RA, von Andrian UH. Dynamic visualization of thrombopoiesis within bone marrow. Science. 2007; 317(5845): 1767-70.

52 Zucker-Franklin D, Philipp CS. Platelet production in the pulmonary capillary bed: new ultrastructural evidence for an old concept. Am J Pathol. 2000; 157(1): 69-74.

53 Kosaki G. In vivo platelet production from mature megakaryocytes: does platelet release occur via proplatelets? Int J Hematol. 2005; 81(3): 208-19.

54 George JN. Platelets. Lancet. 2000; 355(9214): 1531-9.

55 Gawaz MP. Das Blutplättchen: Physiologie, Pathophysiologie, Membranrezeptoren, antithrombozytäre Wirkstoffe und Therapie bei koronarer Herzerkrankung. Georg Thieme Verlag, Stuttgart, 1999.

56 Coller BS. Biochemical and electrostatic considerations in primary platelet aggregation. Ann N Y Acad Sci. 1983; 416: 693-708.

57 Behnke O. The morphology of blood platelet membrane systems. Ser Haematol. 1970; 3(4): 3-16.

58 White JG, Clawson CC. The surface-connected canalicular system of blood platelets - a fenestrated membrane system. Am J Pathol. 1980; 101(2): 353-64.

59 Jennings LK. Role of platelets in atherothrombosis. Am J Cardiol. 2009; 103(3 Suppl): 4A-10A.

60 Nuyttens BP, Thijs T, Deckmyn H, Broos K. Platelet adhesion to collagen. Thromb Res. 2011; 127 Suppl 2: S26-9.

61 Nieswandt B, Watson SP. Platelet-collagen interaction: is GPVI the central receptor? Blood. 2003; 102(2): 449-61.

62 Li Z, Delaney MK, O'Brien KA, Du X. Signaling during platelet adhesion and activation. Arterioscler Thromb Vasc Biol. 2010; 30(12): 2341-9.

63 Nieswandt B, Varga-Szabo D, Elvers M. Integrins in platelet activation. J Thromb Haemost. 2009; 7 Suppl 1: 206-9.

64 Jurk K, Kehrel BE. Platelets: physiology and biochemistry. Semin Thromb Hemost. 2005; 31(4): 381-92.

65 Hynes RO. Integrins: bidirectional, allosteric signaling machines. Cell. 2002; 110(6): 673-87.

66 Knezevic I, Leisner TM, Lam SC. Direct binding of the platelet integrin alphaIIbbeta3 (GPIIb-IIIa) to talin. Evidence that interacton is mediated through the cytoplasmic domains of both alphaIIb and beta3. J Biol Chem. 1996; 271(27): 16416-21.

67 Vinogradova O, Velyvis A, Velyviene A, Hu B, Haas T, Plow E, Qin J. A structural mechanism of integrin alpha(IIb)beta(3) "inside-out" activation as regulated by its cytoplasmic face. Cell. 2002; 110(5): 587-97.

68 Nieswandt B, Moser M, Pleines I, Varga-Szabo D, Monkley S, Critchley D, Fässler R. Loss of talin1 in platelets abrogates integrin activation, platelet aggregation, and thrombus formation in vitro and in vivo. J Exp Med. 2007; 204(13): 3113-8.

69 Petrich BG, Marchese P, Ruggeri ZM, Spiess S, Weichert RA, Ye F, Tiedt R, Skoda RC, Monkley SJ, Critchley DR, Ginsberg MH. Talin is required for integrin-mediated platelet function in hemostasis and thrombosis. J Exp Med. 2007; 204(13): 3103-11.

70 Ye F, Hu G, Taylor D, Ratnikov B, Bobkov AA, McLean MA, Sligar SG, Taylor KA, Ginsberg MH. Recreation of the terminal events in physiological integrin activation. J Cell Biol. 2010; 188(1): 157-73.

71   Petrich BG, Fogelstrand P, Partridge AW, Yousefi N, Ablooglu AJ, Shattil SJ, Ginsberg MH. The antithrombotic potential of selective blockade of talin-dependent integrin alpha IIb beta 3 (platelet GPIIb-IIIa) activation. J Clin Invest. 2007; 117(8): 2250-9.

72   Paul BZ, Daniel JL, Kunapuli SP. Platelet shape change is mediated by both calcium-dependent and -independent signaling pathways. Role of p160 Rho-associated coiled-coil-containing protein kinase in platelet shape change. J Biol Chem. 1999; 274(40): 28293-300.

73   Obergfell A, Eto K, Mocsai A, Buensuceso C, Moores SL, Brugge JS, Lowell CA, Shattil SJ. Coordinate interactions of Csk, Src, and Syk kinases with [alpha]IIb[beta]3 initiate integrin signaling to the cytoskeleton. J Cell Biol. 2002; 157(2): 265-75.

74   Shattil SJ, Newman PJ. Integrins: dynamic scaffolds for adhesion and signaling in platelets. Blood. 2004; 104(6): 1606-15.

75   Johnson GJ, Leis LA, Krumwiede MD, White JG. The critical role of myosin IIA in platelet internal contraction. J Thromb Haemost. 2007; 5(7): 1516-29.

76   Phillips DR, Prasad KS, Manganello J, Bao M, Nannizzi-Alaimo L. Integrin tyrosine phosphorylation in platelet signaling. Curr Opin Cell Biol. 2001; 13(5): 546-54.

77   Hartwig JH, Barkalow K, Azim A, Italiano J. The elegant platelet: signals controlling actin assembly. Thromb Haemost. 1999; 82(2): 392-8.

78   Kantarjian H, Giles F, List A, Lyons R, Sekeres MA, Pierce S, Deuson R, Leveque J. The incidence and impact of thrombocytopenia in myelodysplastic syndromes. Cancer. 2007; 109(9): 1705-14.

79   Neukirchen J, Blum S, Kuendgen A, Strupp C, Aivado M, Haas R, Aul C, Gattermann N, Germing U. Platelet counts and haemorrhagic diathesis in patients with myelodysplastic syndromes. Eur J Haematol. 2009; 83(5): 477-82.

80   Lintula R, Rasi V, Ikkala E, Borgstrom GH, Vuopio P. Platelet function in preleukemia. Scand J Haematol. 1981; 26(1): 65-71.

81 Stuart JJ, Lewis JC. Platelet aggregation and electron microscopic studies of platelets in preleukemia. Arch Pathol Lab Med. 1982; 106(9): 458-61.

82 Pamphilon DH, Aparicio SR, Roberts BE, Menys VC, Tate G, Davies JA. The myelodysplastic syndromes - a study of haemostatic function and platelet ultrastructure. Scand J Haematol. 1984; 33(5): 486-91.

83 Raman BKS, Van Slyck EJ, Riddle J, Sawdyk MA, Abraham JP, Saeed SM. Platelet function and structure in myeloproliferative disease, myelodysplastic syndrome, and secondary thrombocytosis. Am J Clin Pathol. 1989; 91(6): 647-55.

84 Konstantopoulos K, Lauren L, Hast R, Reizenstein P. Survival, hospitalization and cause of death in 99 patients with the myelodysplastic syndrome. Anticancer Res. 1989; 9: 893-6.

85 Zeidman A, Sokolover N, Fradin Z, Cohen A, Redlich O, Mittelman M. Platelet function and its clinical significance in the myelodysplastic syndromes. Hematol J. 2004; 5(3): 234-8.

86 Manoharan A, Brighton T, Gemmell R, Lopez K, Moran S, Kyle P. Platelet dysfunction in myelodysplastic syndromes: a clinicopathological study. Int J Hematol. 2002; 76(3): 272-8.

87 Girtovitis FI, Ntaios G, Papadopoulos A, Ioannidis G, Makris PE. Defective platelet aggregation in myelodysplastic syndromes. Acta Haematol. 2007; 118(2): 117-22.

88 Lottspeich F, Engels JW. Bioanalytik. 2. Auflage. Spektrum Akademischer Verlag, München, 2006.

89 Ünlü M, Morgan ME, Minden JS. Difference gel electrophoresis: a single gel method for detecting changes in protein extracts. Electrophoresis. 1997; 18(11): 2071–7.

90 Alban A, David SO, Bjorkesten L, Andersson C, Sloge E, Lewis S, Currie I. A novel experimental design for comparative two-dimensional gel analysis: two-dimensional difference gel electrophoresis incorporating a pooled internal standard. Proteomics. 2003; 3(1): 36–44.

91 Fröbel J, Lehr S, Haas R, Czibere A. Mass spectrometry-based proteomics and its potential use in haematological research. Arch Physiol Biochem. 2009; 115(5): 286-97.

92 Kienitz H. Massenspektrometrie. Verlag Chemie, Weinheim, 1968.

93 Speicher KD, Kolbas O, Harper S, Speicher DW. Systematic analysis of peptide recoveries from in-gel digestions for protein identifications in proteome studies. J Biomol Tech. 2000; 11(2): 74-86.

94 Karas M, Hillenkamp F. Laser desorption ionization of proteins with molecular masses exceeding 10,000 daltons. Anal Chem. 1988; 60(20): 2299-301.

95 Trimpin S, Inutan ED, Herath TN, McEwen CN. Matrix-assisted laser desorption/ionization mass spectrometry method for selectively producing either singly or multiply charged molecular ions. Anal Chem. 2010; 82(1): 11-5.

96 Olthoff JK, Lys IA, Cotter RJ. A pulsed time-of-flight mass spectrometer for liquid secondary ion mass spectrometry. Rapid Commun Mass Spectrom. 1988; 2(9): 171-5.

97 Fröbel J, Cadeddu RP, Hartwig S, Bruns I, Wilk CM, Kündgen A, Fischer JC, Schroeder T, Steidl UG, Germing U, Lehr S, Haas R, Czibere A. Platelet proteome analysis reveals integrin-dependent aggregation defects in patients with myelodysplastic syndromes. Mol Cell Prot. 2013; 12(5): 1272-80.

98 Born GVR, Cross MJ. The aggregation of blood platelets. J Physiol. 1963; 168: 178-95.

99 Budde U. Diagnose von Funktionsstörungen der Thrombozyten mit Hilfe der Aggregometrie. J Lab Med. 2002; 26(11/12): 564-71.

100 BD Biosciences. BD FACSCalibur Features. http://www.bdbiosciences.com/instruments/ facscalibur/features/index.jsp

101 Selvin PR. The renaissance of fluorescence resonance energy transfer. Nat Struct Biol. 2000; 7: 730-4.

102 Chan FK, Siegel RM, Zacharias D, Swofford R, Holmes KL, Tsien RY, Lenardo MJ. Fluorescence resonance energy transfer analysis of cell surface receptor interactions and signaling using spectral variants of the green fluorescent protein. Cytometry. 2001; 44(4): 361-8.

103 Wagner CL, Mascelli MA, Neblock DS, Weisman HF, Coller BS, Jordan RE. Analysis of GPIIb/IIIa receptor number by quantification of 7E3 binding to human platelets. Blood. 1996; 88(3): 907-14.

104 Coller BS, Shattil SJ. The GPIIb/IIIa (integrin alphaIIbbeta3) odyssey: a technology-driven saga of a receptor with twists, turns, and even a bend. Blood. 2008; 112(8): 3011-25.

105 Peerschke EI, Zucker MB, Grant RA, Egan JJ, Johnson MM. Correlation between fibrinogen binding to human platelets and platelet aggregability. Blood. 1980; 55(5): 841-7.

106 Frame M, Norman J. A tal(in) of cell spreading. Nat Cell Biol. 2008; 10(9): 1017-9.

107 Lee HS, Lim CJ, Puzon-McLaughlin W, Shattil SJ, Ginsberg MH. RIAM activates integrins by linking talin to ras GTPase membrane-targeting sequences. J Biol Chem. 2009; 284(8): 5119-27.

108 García-Alvarez B, de Pereda JM, Calderwood DA, Ulmer TS, Critchley D, Campbell ID, Ginsberg MH, Liddington RC. Structural determinants of integrin recognition by talin. Mol Cell. 2003; 11(1): 49-58.

109 Calderwood DA, Zent R, Grant R, Rees DJ, Hynes RO, Ginsberg MH. The Talin head domain binds to integrin beta subunit cytoplasmic tails and regulates integrin activation. J Biol Chem. 1999; 274(40): 28071-4.

110 Abrams CS. Intracellular signaling in platelets. Curr Opin Hematol. 2005; 12(5): 401-5.

111 Tadokoro S, Shattil SJ, Eto K, Tai V, Liddington RC, de Pereda JM, Ginsberg MH, Calderwood DA. Talin binding to integrin beta tails: a final common step in integrin activation. Science. 2003; 302(5642): 103-6.

112 Larjava H, Plow EF, Wu C. Kindlins: essential regulators of integrin signalling and cell-matrix adhesion. EMBO Rep. 2008; 9(12): 1203-8.

113 Moser M, Nieswandt B, Ussar S, Pozgajova M, Fässler R. Kindlin-3 is essential for integrin activation and platelet aggregation. Nat Med. 2008; 14(3): 325-30.

114 Lee SH, Dominguez R. Regulation of actin cytoskeleton dynamics in cells. Mol Cells. 2010; 29(4): 311-25.

115 Parsons JT, Horwitz AR, Schwartz MA. Cell adhesion: integrating cytoskeletal dynamics and cellular tension. Nat Rev Mol Cell Biol. 2010; 11(9): 633-43.

116 Breckenridge MT, Dulyaninova NG, Egelhoff TT. Multiple regulatory steps control mammalian nonmuscle myosin II assembly in live cells. Mol Biol Cell. 2009; 20(1): 338-47.

117 Betapudi V, Rai V, Beach JR, Egelhoff T. Novel regulation and dynamics of myosin II activation during epidermal wound responses. Exp Cell Res. 2010; 316(6): 980-91.

118 Ziegler WH, Liddington RC, Critchley DR. The structure and regulation of vinculin. Trends Cell Biol. 2006; 16(9): 453-60.

119 Ziegler WH, Gingras AR, Critchley DR, Emsley J. Integrin connections to the cytoskeleton through talin and vinculin. Biochem Soc Trans. 2008; 36(Pt 2): 235-9.

120 Ezzell RM, Goldmann WH, Wang N, Parashurama N, Ingber DE. Vinculin promotes cell spreading by mechanically coupling integrins to the cytoskeleton. Exp Cell Res. 1997; 231(1): 14-26.

121 Jockusch BM, Isenberg G. Interaction of alpha-actinin and vinculin with actin: opposite effects on filament network formation. Proc Natl Acad Sci U S A. 1981; 78(5): 3005-9.

122 Rodríguez Fernández JL, Geiger B, Salomon D, Ben-Ze'ev A. Suppression of vinculin expression by antisense transfection confers changes in cell morphology, motility, and anchorage-dependent growth of 3T3 cells. J Cell Biol. 1993;122(6):1285-94.

123 Goldmann WH, Schindl M, Cardozo TJ, Ezzell RM. Motility of vinculin-deficient F9 embryonic carcinoma cells analyzed by video, laser confocal, and reflection interference contrast microscopy. Exp Cell Res. 1995;221(2):311-9.

124 Sharma CP, Ezzell RM, Arnaout MA. Direct interaction of filamin (ABP-280) with the beta 2-integrin subunit CD18. J Immunol. 1995; 154(7): 3461-70.

125 Loo DT, Kanner SB, Aruffo A. Filamin binds to the cytoplasmic domain of the beta1-integrin. Identification of amino acids responsible for this interaction. J Biol Chem. 1998; 273(36): 23304-12.

126 Robertson SP. Filamin A: phenotypic diversity. Curr Opin Genet Dev. 2005; 15(3): 301-7.

127 Feng S, Reséndiz JC, Lu X, Kroll MH. Filamin A binding to the cytoplasmic tail of glycoprotein Ibalpha regulates von Willebrand factor-induced platelet activation. Blood. 2003; 102(6): 2122-9.

128 Lynch CD, Gauthier NC, Biais N, Lazar AM, Roca-Cusachs P, Yu CH, Sheetz MP. Filamin depletion blocks endoplasmic spreading and destabilizes force-bearing adhesions. Mol Biol Cell. 2011; 22(8): 1263-73.

129 Hannigan GE, Leung-Hagesteijn C, Fitz-Gibbon L, Coppolino MG, Radeva G, Filmus J, Bell JC, Dedhar S. Regulation of cell adhesion and anchorage-dependent growth by a new beta 1-integrin-linked protein kinase. Nature. 1996; 379(6560): 91-6.

130 Nikolopoulos SN, Turner CE. Integrin-linked kinase (ILK) binding to paxillin LD1 motif regulates ILK localization to focal adhesions. J Biol Chem. 2001; 276(26): 23499-505.

131 Baig A, Bao X, Wolf M, Haslam RJ. The platelet protein kinase C substrate pleckstrin binds directly to SDPR protein. Platelets. 2009; 20(7): 446-57.

132 Haslam RJ, Lynham JA, Fox JE. Effects of collagen, ionophore A23187 and prostaglandin E1 on the phosphorylation of specific proteins in blood platelets. Biochem J. 1979; 178(2): 397-406.

133 Lian L, Wang Y, Flick M, Choi J, Scott EW, Degen J, Lemmon MA, Abrams CS. Loss of pleckstrin defines a novel pathway for PKC-mediated exocytosis. Blood. 2009; 113(15): 3577-84.

134 Weiskirchen R, Günther K. The CRP/MLP/TLP family of LIM domain proteins: acting by connecting. Bioessays. 2003; 25(2): 152-62.

135 Gusev NB, Bogatcheva NV, Marston SB. Structure and properties of small heat shock proteins (sHsp) and their interaction with cytoskeleton proteins. Biochemistry (Mosc). 2002; 67(5): 511-9.

136 Kim KK, Kim R, Kim SH. Crystal structure of a small heat-shock protein. Nature. 1998; 394(6693): 595-9.

137 Polanowska-Grabowska R, Gear AR. Heat-shock proteins and platelet function. Platelets. 2000; 11(1): 6-22.

138 Zhu Y, O'Neill S, Saklatvala J, Tassi L, Mendelsohn ME. Phosphorylated HSP27 associates with the activation-dependent cytoskeleton in human platelets. Blood. 1994; 84(11): 3715-23.

139 Weyrich AS, Lindemann S, Tolley ND, Kraiss LW, Dixon DA, Mahoney TM, Prescott SP, McIntyre TM, Zimmerman GA. Change in protein phenotype without a nucleus: translational control in platelets. Semin Thromb Hemost. 2004; 30(4): 491-8.

140 Denis MM, Tolley ND, Bunting M, Schwertz H, Jiang H, Lindemann S, Yost CC, Rubner FJ, Albertine KH, Swoboda KJ, Fratto CM, Tolley E, Kraiss LW, McIntyre TM, Zimmerman GA, Weyrich AS. Escaping the nuclear confines: signal-dependent pre-mRNA splicing in anucleate platelets. Cell. 2005; 122(3): 379-91.

141 Pieroni L, Finamore F, Ronci M, Mattoscio D, Marzano V, Mortera SL, Quattrucci S, Federici G, Romano M, Urbani A. Proteomics investigation of human platelets in healthy donors and cystic fibrosis patients by shotgun nUPLC-MSE and 2DE: a comparative study. Mol Biosyst. 2011; 7(3): 630-9.

142 McRedmond JP, Park SD, Reilly DF, Coppinger JA, Maguire PB, Shields DC, Fitzgerald DJ. Integration of proteomics and genomics in platelets: a profile of platelet proteins and platelet-specific genes. Mol Cell Proteomics. 2004; 3(2): 133-44.

143 Czubayko F, Smith RV, Chung HC, Wellstein A. Tumor growth and angiogenesis induced by a secreted binding protein for fibroblast growth factors. J Biol Chem. 1994; 269(45): 28243-8.

144 Beer HD, Bittner M, Niklaus G, Munding C, Max N, Goppelt A, Werner S. The fibroblast growth factor binding protein is a novel interaction partner of FGF-7, FGF-10 and FGF-22 and regulates FGF activity: implications for epithelial repair. Oncogene. 2005; 24(34): 5269-77.

145 Tonini R, Ferroni A, Valenzuela SM, Warton K, Campbell TJ, Breit SN, Mazzanti M. Functional characterization of the NCC27 nuclear protein in stable transfected CHO-K1 cells. FASEB J. 2000; 14(9): 1171-8.

146 Qiu MR, Jiang L, Matthaei KI, Schoenwaelder SM, Kuffner T, Mangin P, Joseph JE, Low J, Connor D, Valenzuela SM, Curmi PM, Brown LJ, Mahaut-Smith M, Jackson SP, Breit SN. Generation and characterization of mice with null mutation of the chloride intracellular channel 1 gene. Genesis. 2010; 48(2): 127-36.

147 Hu X, Addlagatta A, Lu J, Matthews BW, Liu JO. Elucidation of the function of type 1 human methionine aminopeptidase during cell cycle progression. Proc Natl Acad Sci U S A. 2006; 103(48): 18148-53.

148 Giglione C, Boularot A, Meinnel T. Protein N-terminal methionine excision. Cell Mol Life Sci. 2004; 61(12): 1455-74.

149 Lanza F. Bernard-Soulier syndrome (hemorrhagiparous thrombocytic dystrophy). Orphanet J Rare Dis. 2006; 1: 46.

150 Widell S, Hast R. Balloon-like platelets in myelodysplastic syndromes - a feature of dysmegakaryopoiesis? Leuk Res. 1987; 11(8): 747-52.

151 Seidl C, Siehl J, Ganser A, Hofmann WK, Fischer M, Kirchmaier CM, Hoelzer D, Seifried E. Platelet glycoprotein expression in patients with myelodysplastic syndrome. Thromb Res. 2000; 100(1): 27-34.

152 Rink TJ, Sage SO. Calcium signaling in human platelets. Annu Rev Physiol. 1990; 52: 431-49.

153 Varga-Szabo D, Braun A, Nieswandt B. Calcium signaling in platelets. J Thromb Haemost. 2009; 7(7): 1057-66.

154 Rendu F, Brohard-Bohn B. The platelet release reaction: granules' constituents, secretion and functions. Platelets. 2001; 12(5): 261-73. Review.

155 Clemetson KJ. Platelets and primary haemostasis. Thromb Res. 2012; 129(3): 220-4. Mini Review.

156 Escolar G, White JG. The platelet open canicular system: A final common pathway. Blood Cells. 1991; 17(3): 447-85.

157 Morgenstern E, Neumann K, Patscheke H. The exocytosis of human blood platelets. A fast freezing and freeze-substitution analysis. Eur J Cell Biol. 1987; 43(2): 273-82.

158 Bell RM, Burns DJ. Lipid Activation of Protein Kinase C. J Biol Chem. 1991; 266(8): 4661-4. Minireview.

159 Collier NC, Wang K. Purification and properties of human platelet P235. A high molecular weight protein substrate of endogenous calcium-activated protease(s). J Biol Chem. 1982; 257(12): 6937-43.

160 O'Halloran T, Beckerle MC, Burridge K. Identification of talin as a major cytoplasmic protein implicated in platelet activation. Nature. 1985; 317(6036): 449-51.

161 Beckerle MC, Miller DE, Bertagnolli ME, Locke SJ. Activation-dependent redistribution of the adhesion plaque protein, talin, in intact human platelets. J Cell Biol. 1989; 109(6 Pt 2): 3333-46.

162 Parsons M, Messent AJ, Humphries JD, Deakin NO, Humphries MJ. Quantification of integrin receptor agonism by fluorescence lifetime imaging. J Cell Sci. 2008; 121(Pt 3): 265-71.

163 Moser M, Legate KR, Zent R, Fässler R. The tail of integrins, talin, and kindlins. Science. 2009; 324(5929): 895-9.

164　Ye F, Petrich BG. Kindlin: helper, co-activator, or booster of talin in integrin activation? Curr Opin Hematol. 2011; 18(5): 356-60.

165　Shattil SJ, Hoxie JA, Cunningham M, Brass LF. Changes in the platelet membrane glycoprotein IIb.IIIa complex during platelet activation. J Biol Chem. 1985; 260(20): 11107-14.

166　Israels SJ, El-Ekiaby M, Quiroga T, Mezzano D. Inherited disorders of platelet function and challenges to diagnosis of mucocutaneous bleeding. Haemophilia. 2010; 16 Suppl 5: 152-9.

167　Masumoto A, Hemler ME. Multiple activation states of VLA-4. Mechanistic differences between adhesion to CS1/fibronectin and to vascular cell adhesion molecule-1. J Biol Chem. 1993; 268(1): 228-34.

168　Yan B, Hu DD, Knowles SK, Smith JW. Probing chemical and conformational differences in the resting and active conformers of platelet integrin alpha(IIb)beta(3). J Biol Chem. 2000; 275(10): 7249-60.

169　Savage B, Shattil SJ, Ruggeri ZM. Modulation of platelet function through adhesion receptors. A dual role for glycoprotein IIb-IIIa (integrin alpha IIb beta 3) mediated by fibrinogen and glycoprotein Ib-von Willebrand factor. J Biol Chem. 1992; 267(16): 11300-6.

170　Michelson AD. Platelets, Second Edition. Academic Press/Elsevier LTD, Oxford, 2006.

171　Thrasher AJ. New insights into the biology of Wiskott-Aldrich syndrome (WAS). Hematology Am Soc Hematol Educ Program. 2009: 132-8.

172　Heath KE, Campos-Barros A, Toren A, Rozenfeld-Granot G, Carlsson LE, Savige J, Denison JC, Gregory MC, White JG, Barker DF, Greinacher A, Epstein CJ, Glucksman MJ, Martignetti JA. Nonmuscle myosin heavy chain IIA mutations define a spectrum of autosomal dominant macrothrombocytopenias: May-Hegglin anomaly and Fechtner, Sebastian, Epstein, and Alport-like syndromes. Am J Hum Genet. 2001; 69(5): 1033-45.

173　Kunishima S, Saito H. Advances in the understanding of MYH9 disorders. Curr Opin Hematol. 2010; 17(5): 405-10.

174 White JC. Platelet microtubules and microfilaments: effects of cytochalasin B on structure and function. In: Caen J (ed). Platelet Aggregation. Masson & Cie, Paris, 1971: 15-52.

175 Mustard JF, Packham MA. Factors influencing platelet function: adhesion, release, and aggregation. Pharmacol Rev. 1970; 22(2): 97-187.

176 Burgess-Wilson ME, Cockbill SR, Johnston GI, Heptinstall S. Platelet aggregation in whole blood from patients with Glanzmann's thrombasthenia. Blood. 1987; 69(1): 38-42.

177 Redman R, Shunkwiler SM, Harris NS, Kedar A, Clapp WL. Sebastian syndrome with abnormal platelet response to ristocetin. Lab Hematol. 2008; 14(3): 19-23.

178 Muguruma Y, Matsushita H, Yahata T, Yumino S, Tanaka Y, Miyachi H Ogawa Y, Kawada H, Ito M, Ando K. Establishment of a xenograft model of human myelodysplastic syndromes. Haematologica. 2011; 96(4): 543-51.

179 Kerbauy DM, Lesnikov V, Torok-Storb B, Bryant E, Deeg HJ. Engraftment of distinct clonal MDS-derived hematopoietic precursors in NOD/SCID-beta2-microglobulin-deficient mice after intramedullary transplantation of hematopoietic and stromal cells. Blood. 2004; 104(7): 2202-3.

180 Bussel JB, Kuter DJ, Pullarkat V, Lyons RM, Guo M, Nichol JL. Safety and efficacy of long-term treatment with romiplostim in thrombocytopenic patients with chronic ITP. Blood. 2009; 113(10): 2161-71.

181 Bussel JB, Provan D, Shamsi T, Cheng G, Psaila B, Kovaleva L Salama A, Jenkins JM, Roychowdhury D, Mayer B, Stone N, Arning M. Effect of eltrombopag on platelet counts and bleeding during treatment of chronic idiopathic thrombocytopenic purpura: a randomized, double-blind, placebo-controlled trial. Lancet. 2009; 373(9664): 641-8.

182 Will B, Kawahara M, Luciano JP, Bruns I, Parekh S, Erickson-Miller CL, Aivado MA, Verma A, Steidl U. Effect of the nonpeptide thrombopoietin receptor agonist Eltrombopag on bone marrow cells from patients with acute myeloid leukemia and myelodysplastic syndrome. Blood. 2009; 114(18): 3899-908.

Abkürzungsverzeichnis

2D	zweidimensional	
ACN	Acetonitril	
ADP	Adenosin-5'-Disphosphat	
AML	Akute Myeloische Leukämie	
AP	Alkalische Phosphatase	
APC	Allophycocyanin	
APS	Ammoniumpersulfat	
AS	Aminosäure	
ATP	Adenosin-5'-Trisphosphat	
BCIP	5-Brom-4-chlor-3-indolylphosphat-p-Toluidinsalz	
BPB	Bromphenolblau	
BSA	Rinderserumalbumin	*bovine serum albumin*
Ca^{2+}	freie Kalziumionen	
$CaCl_2$	Kalziumdichlorid	
CCD	Halbleiterphotodetektor	*charged-coupled-device*
CD	Differenzierungsmarker	*cluster of differentiation*
CLP	gemeinsame lymphoide Progenitorzelle	*common lymphoid progenitor*
CML	Chronische Myeloische Leukämie	
CMML	Chronische myelomonozytäre Leukämie	
CMP	gemeinsame myeloide Progenitorzelle	*common myeloid progenitor*
Da	Dalton	
DIC	Differentialinterferenzkontrast	*differential interference contrast*
DIGE	Differentielle Gelelektrophorese	
DMF	Dimethylformamid	
DMS	demarkierendes Membransystem	*demarcation membran system*
DNA	Desoxyribonukleinsäure	*desoxyribonucleic acid*
DNMT	DNA-Methyltransferase	
DTS	dichtes, röhrenförmiges System	*dense tubular system*
DTT	Dithiotreitol	
EPO	Erythropoietin	

FAB	Französisch-Amerikanisch-Britisch	*French-American-British*
FC	Verhältnis zum Ausgangsniveau	*Fold Change*
FITC	Fluoreszeinisothiocyanat	
FRET	Förster Resonanz-Energie-Transfer	
FSC	Vorwärtsstreulicht	*forward scatter*
G-CSF	Granulozyten-Kolonien stimulierender Faktor	*granulocyte-colony stimulating factor*
GE	Gelelektrophorese	
GMP	Granulozyten-Makrophagen-Vorläufer	*granulocyte/macrophage progenitor*
GP	Glykoprotein	
Hb	Hämoglobin	
HCCA	α-Cyano-4-Hydroxy-Zimtsäure	*α-cyano-4-hydroxycinnamic acid*
HCl	Salzsäure	*hydrochloric acid*
HDAC	Histon-Deacetylase	
HEPES	2-Hydroxyethyl-1-piperazinyl-ethansulfonsäure	
HSC	hämatopoietische Stammzelle	*hematopoietic stem cell*
HSPC	hämatopoietische Stamm- & Progenitorzellen	*hematopoietic stem and progenitor cells*
IEF	isoelektrische Fokussierung	
Ig	Immunglobulin	
IgX	Immunglobulin des Typ X (X=A/D/E/G/M)	
IPG	Immobilisierter pH-Gradient	
IPSS	Prognosesystem für MDS-Patienten	*International Prognostic Scoring System*
IS	Interner Standard	
ITP	idiopathische thrombozytopenische Purpura	
KCl	Kaliumchlorid	
KM	Knochenmark	
kVh	Kilovoltstunde	
M	molar (1 mol/L)	
mA	Milliampere	
MALDI	Matrix-assistierte Laser-Desorption/Ionisierung	*matrix-assisted laser desorption/ionisation*
MDS	Myelodysplastisches Syndrom	
MDS-U	unklassifizierbares MDS	
MEP	Megakaryozyten-Erythrozyten-Vorläufer	*megakaryocyte/erythrocyte progenitor*
MFI	mittlere Fluoreszenzintensität	*mean fluorescence intensity*
$MgCl_2$	Magnesiumchlorid	
$MnCl_2$	Manganchlorid	
mol.	molekular	
MOWSE	Molekulargewichtssuche	*molecular weight search*
MPP	Multipotente Progenitorzelle	

MPV	Mittleres Thrombozytenvolumen	*mean platelet volume*
MRLC	regulatorische Leichtkette des Myosin	*myosin regulatory light chain*
MW	Molekulargewicht	*molecular weight*
n	Anzahl der Wiederholungen	
n/a	nicht verfügbar	*not available*
NaCl	Natriumchlorid	
NaHCO$_3$	Natriumhydrogencarbonat	
Na$_2$HPO$_4$	Dinatriumhydrogenphosphat	
NBT	Nitroblau-Tetrazoliumchlorid	
NH$_4$HCO$_3$	Ammoniumbicarbonat	
(NH$_4$)H$_2$PO$_4$	Ammoniumphosphat, einbasig	
NHS-Ester	N-Hydroxysuccinimidylester	
OCS	offenes kanalikuläres System	*open canalicular system*
OD	optische Dichte	
PA	Polyacrylamid	
PAGE	Polyacrylamidgelelektrophorese	
PBS	Phosphat-gepufferte Salzlösung	*phosphate buffered saline*
PE	Phycoerythrin	
pH	negativer dekadischer Logarithmus der Wasserstoffionenkonzentration	*potentia hydrogenii*
pI	isoelektrischer Punkt	
PMA	Phorbol-12-myristat-13-acetat (C$_{36}$H$_{56}$O$_8$)	
PMT	Photoelektronenvervielfacher	*photomultiplier tube*
PPP	Thrombozyten-armes Plasma	*platelet poor plasma*
PRP	Thrombozyten-reiches Plasma	*platelet rich plasma*
PVDF	Polyvinylidenfluorid	
RA	Refraktäre Anämie	*refractory anemia*
RAEB	Refraktäre Anämie mit Blastenexzess	*refractory anemia with excess of blasts*
RAEB-T	Refraktäre Anämie mit Blastenexzess in Transformation	*refractory anemia with excess of blasts in transformation*
RARS	Refraktäre Anämie mit Ringsideroblasten	*refractory anemia with ringed sideroblasts*
RARS-T	Refraktäre Anämie mit Ringsideroblasten und Thrombozytose	*refractory anemia with ringed sideroblasts and thrombocytosis*
RCMD	Refraktäre Zytopenie multilineärer Dysplasie	*refractory cytopenia with multilineage dysplasia*
RCMD-RS	Refraktäre Zytopenie multilineärer Dysplasie mit Ringsideroblasten	*refractory cytopenia with multilineage dysplasia and ringed sideroblasts*
RCUD	Refraktäre Zytopenie unilineärer Dysplasie	*refractory cytopenia with unilineage dysplasia*
RN	Refraktäre Neutropenie	
RNA	Ribonukleinsäure	*ribonucleic acid*
rpm	Umdrehungen pro Minute	*rounds per minute*

RT	Raumtemperatur	
RT	Refraktäre Thrombozytopenie	
RuBP	Ruthenium-tris-bathophenantrolindisulfonat	
sAML	sekundäre Akute Myeloische Leukämie	
SDS	Natriumlaurylsulfat	*sodium dodecyl sulfate*
shRNA		*short hairpin RNA*
SSC	Seitwärtsstreulicht	*side scatter*
TEMED	Tetramethylethylendiamid	
TOF	Flugzeitanalysator	*time-of-flight mass analyzer*
TRAP	Thrombin-Rezeptor aktivierendes Peptid	
Tris	Tris-(hydroxymethyl)-aminomethan	
U	Einheit	*unit*
UV	Ultraviolett	
V	Volt	
vWF	von-Willebrand-Faktor	
WHO	Weltgesundheitsorganisation	*world health organisation*
WPSS		*WHO-associated Prognostic Scoring System*

Aminosäuren-Einbuchstabencode

A Alanin	C Cystein	D Aspartat	E Glutamat	F Phenylalanin
G Glycin	H Histidin	I Isoleucin	K Lysin	L Leucin
M Methionin	N Asparagin	P Prolin	Q Glutamin	R Arginin
S Serin	T Threonin	V Valin	W Trytophan	Y Tyrosin

i want morebooks!

Buy your books fast and straightforward online - at one of world's fastest growing online book stores! Environmentally sound due to Print-on-Demand technologies.

Buy your books online at
www.get-morebooks.com

Kaufen Sie Ihre Bücher schnell und unkompliziert online – auf einer der am schnellsten wachsenden Buchhandelsplattformen weltweit! Dank Print-On-Demand umwelt- und ressourcenschonend produziert.

Bücher schneller online kaufen
www.morebooks.de

VDM Verlagsservicegesellschaft mbH
Heinrich-Böcking-Str. 6-8
D - 66121 Saarbrücken

Telefon: +49 681 3720 174
Telefax: +49 681 3720 1749

info@vdm-vsg.de
www.vdm-vsg.de

Printed by Books on Demand GmbH, Norderstedt / Germany